INTERIOR

DETAILS

COLLECTION Ⅱ

室内细部集成Ⅱ

广州市唐艺文化传播有限公司　编著

◎ 住宅 ◎ 售楼处 ◎

2

华中科技大学出版社
http://www.hustp.com
中国·武汉

图书在版编目（CIP）数据

室内细部集成．第2辑．2 / 广州市唐艺文化传播有限公司编著．-- 武汉 ：华中科技大学出版社，2013.6
ISBN 978-7-5609-9160-3

Ⅰ．①室… Ⅱ．①广… Ⅲ．①室内装饰设计－细部设计－图集 Ⅳ．①TU238-64

中国版本图书馆CIP数据核字(2013)第132314号

室内细部集成Ⅱ　2　　广州市唐艺文化传播有限公司 编著

出版发行：华中科技大学出版社（中国•武汉）
地　　址：武汉市武昌珞喻路1037号（邮编：430074）
出 版 人：阮海洪

责任编辑：赵慧蕊　　责任监印：张贵君
责任校对：张雪姣　　装帧设计：林国代　林国仁　陈光宝

印　刷：利丰雅高印刷（深圳）有限公司
开　本：1016 mm×1320 mm　1/16
印　张：24
字　数：192千字
版　次：2013年9月第1版 第1次印刷
定　价：360.00元（USD 72.00）
套装定价：1070.00元（USD 214.00）

投稿热线：(027)87545012　design_book_wh01@hustp.com
本书若有印装质量问题，请向出版社营销中心调换
全国免费服务热线：400-6679-118 竭诚为您服务

前 言

一个优秀的室内设计作品和文学、戏剧、舞蹈以及绘画艺术一样，需要精心设计的细部形态来支撑。纵观风格多样的室内设计市场一片繁荣，但出类拔萃的作品却为数不多。一个重要原因就是对室内细部处理不够重视，从方案创作到施工图设计阶段，对细部元素的提炼运用、构造技术认识不足，导致整体表达与把握能力的缺失，无法体现空间感染力和场所精神。

室内细部，是指在整体室内环境中，针对不同空间的重点视觉观赏部位，运用一种或多种不同的元素所形成的细节。对于强调装饰性的室内环境，细部设计指的是附加给空间的物质形态，是作品中细致的部分。

在室内环境中，精心设计的细部能烘托出整体环境的氛围，并赋予整体环境以性格特征。细部设计虽包含在整体环境之中，但整体环境的设计并不是细部的简单相加，而是对总体效果控制与细部特征把握相结合的产物。只有相互协调的细部才能构筑出精致、完美的整体环境，它是按形式美的规律精心组织起来的，是有主次之分的有序形态，是艺术作品意与匠的体现。

对细部设计“度”的表现，需要设计师用心去感悟、去把握、去表现。设计时只有心怀全局，从一个细部的做法就可折射出大空间的感觉，才能达到最后理想的整体设计效果。

综观室内设计的各种书籍，深感目前市场上缺乏对各阶段概念的视觉表述，尤其是细部资料的匮乏。于是我们特别编辑了《室内细部集成Ⅱ》这套书，该套书承袭《室内细部集成》的编排风格，但分类更为细致，指导性更加清晰。该套书共分为三册，着重介绍了人们生活、工作、购物以及休闲活动的室内场所：住宅、酒店、办公、餐厅等空间，在这些场所中收录最新的、极具参考价值的室内细部创意元素。本书精选决定室内整体基调的六大版块：平面元素的设计、材料的选择、色彩的搭配、空间的布局、照明的应用、软装的陈设，全面剖析它们的美学品质和应用潜力，致力引导室内设计专业领域的时尚潮流。希望通过这一系列的图书，让室内设计及相关行业的设计人员、院校学生等得到有益的启发。

目录

住宅

根据住宅室内的流线动向，以及各空间的功能性质，通常可将其划分为三类：一是公共活动空间；二是私密性空间；三是家庭活动辅助空间。各个活动空间相辅相成，充分体现住宅的起居功能。

售楼处

售楼处作为楼盘形象展示的名片，不仅仅是接待、洽谈业务的场所，还是现场广告宣传的主要工具。其设计最关键在于吸引眼球，具有强烈的视觉冲击感和可识别性。体现楼盘特色。

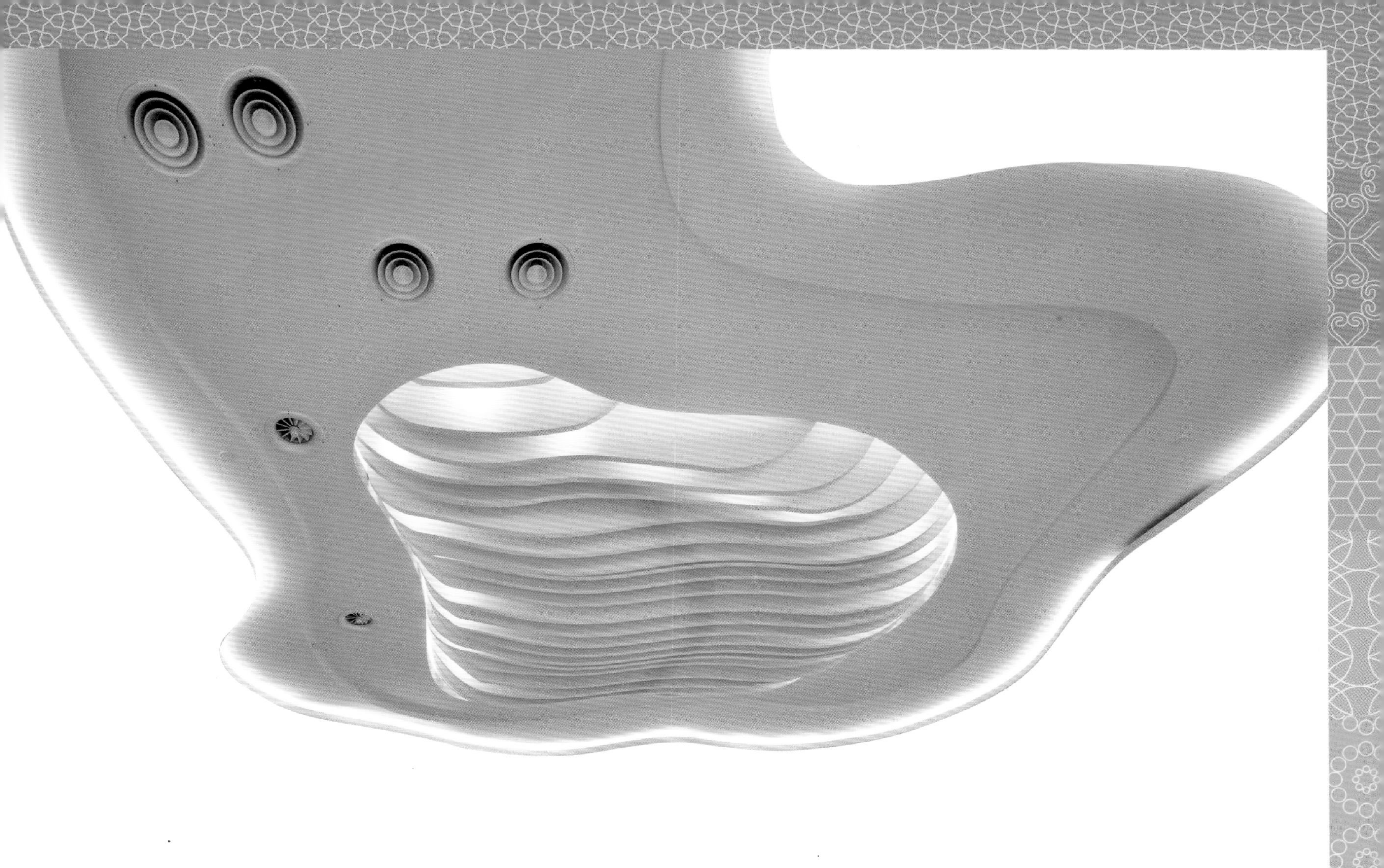

住

关键词：灵活性 开放性 温馨 舒适

根据住宅室内的流线动向，以及各空间的功能性质，通常可将其划分为三类：一是公共活动空间；二是私密性空间；三是家务活动辅助空间。三者在功能优化上体现为动静分区、内外分区以及洁污分区。室内的平面布局呈现开放、流动、多元的特征趋势，空间的开放允许生活行为的交叉重叠，区域的分割变得灵活而富弹性，各个活动空间相辅相成，拓展了空间形态和层次，合理的平面布局能充分体现住宅的起居功能。

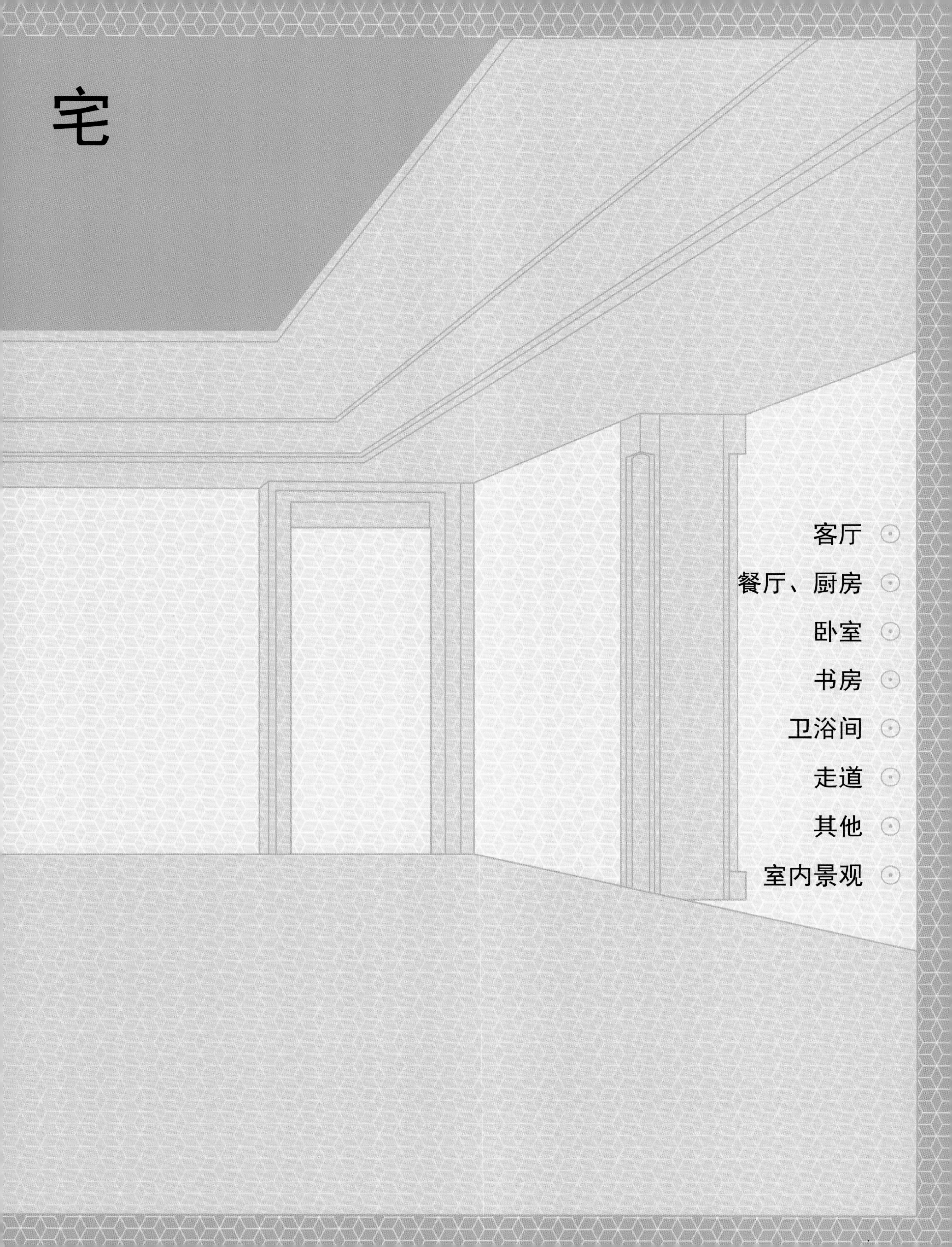

宅

客厅

关键词：生活情趣 温暖 和谐

客厅是家庭群体生活的主要活动空间，也是接待客人、对外联系交往的社交活动空间。因此，必须使活动设备占据正确有利的空间位置，并建立自然顺畅的连接关系。客厅区域可以采用“硬性”和“软性”来建构。“硬性”主要以家具来体现，温馨小客厅的家具以集中为主，大客厅的则以分散为主，通过隔断、家具等设置独立出一些小空间；“软性”主要通过灯光造型、色彩照明等营造出和谐融洽的家居氛围。

平面元素

关键词：围护界面 精美 丰富

这里的平面元素是指围合室内空间的各个实体面，主要包括地面、墙体、隔断和天花。通过排列、分割、重合等形式将不同形状的基本图形、图像，按照一定的规则在地面、墙体等组成新的平面图案。而二维平面与整体空间之间的渗透，使得平面元素更加立体、流畅，整体空间更加丰富、灵动。

地面

关键词：肌理 耐磨 实用

室内的分割首先依靠的是地面材质，以材料之间的转换承接、色彩纹样的交替来进行区域划分。地面常采用地毯、地砖、天然石材、木地板等多种材料，合理选择材料的肌理和色彩，避免选用特意强化视觉的拼花手法。客厅是人们活动来往最频繁的场所，因此地面的设计应具有耐磨性强、抗压性强、易清洗等特点。

LAS VEGAS

墙体

关键词：简洁 明亮 艺术品

客厅的墙体面积大，是视线集中的地方，也是对整个室内装饰的背景起衬托作用。其装饰风格应以简洁为主，色调最好为明亮的颜色，使空间明亮开阔。西方传统客厅是以壁炉为中心的主要墙体来进行重点装饰，我国传统客厅是以南立面悬挂字画、对联等强调庄重气氛。而现代装饰中也常以壁画、艺术品的悬挂来美化墙体，或者利用材质的对比来取得丰富的视觉效果。

LIAIGRE

隔断

关键词：灵活 美观 隔音

隔断专门作为分隔室内空间的立面，主要起遮挡作用，但不完全割裂空间，能实现空间之间的相互交流。它一般不做到板下，有的甚至可以移动，与墙体的区别是立面的高度不同。隔断不承重，所以造型的自由度大，设计应注意高矮、长短和虚实等的变化统一。其色彩应与客厅的基础部分协调一致。

天花

关键词：造型多变 高雅 精巧

天花是室内顶部表面的地方，能起到遮掩梁柱、管线，隔热等作用。天花的造型设计精巧多变，不同的设计能创造不同的装饰效果。如果客厅面积大，可以设计比较复杂的吊顶，使平面的天花呈现立体感。如果客厅的线条比较直、硬，可以设计带曲线的吊顶，柔化整体视觉效果。此外，天花还可以写画、油漆，以此美化顶部环境。

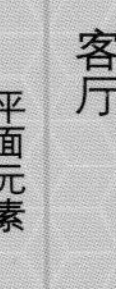

材料

关键词：软性硬性 质感 形态

室内选用的装饰材料具有形态、色彩、质感、物理功用等特性。由于材料的不同，形态的各异，对室内空间的感受随之发生相应变化，因而能形成不同的精神氛围和风格各异的艺术感染力。木材、织物的相对柔和，石材、瓷砖及金属的相对坚硬，设计时应适当搭配、运用妥当。

木质

关键词：自然 淡雅 古典

无论是硬装还是软装，在客厅中不同程度上运用了质朴的木质材料，彰显一种森林系味道。木质纹理的电视背景墙让自然从家的中心散发；木质茶几给整个空间一种厚实、温和的感觉；淡雅色泽的木地板，令空间显得格外自然清爽，而棕色或深红色的木地板仿佛把人带进古典的空间。木质材料种类繁多，不同的搭配或运用都能给人耳目一新的感觉。

材料展示

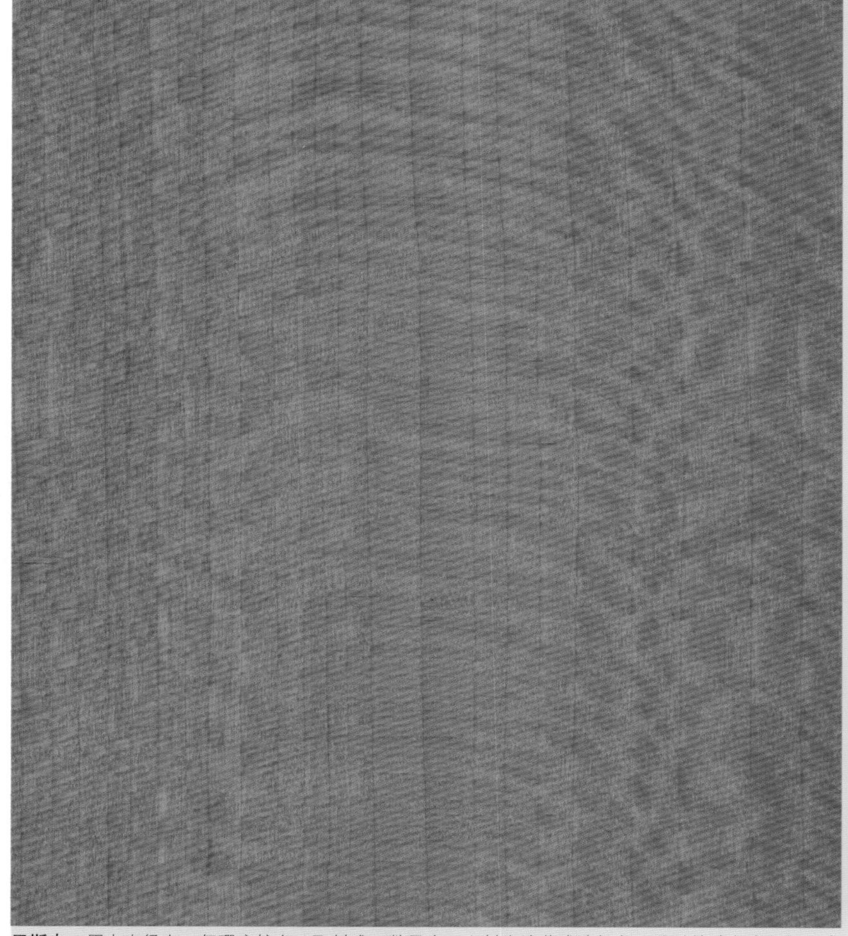

尼斯木：原木直径大，但瑕庇较多，取材难，数量少。心材为淡黄或淡红色，通过特殊角度刨切，木纹呈现蛇皮纹，清晰、细腻。目前，尼斯木常被涂装为个性颜色，装饰表现力更丰富。

古夷苏木山纹

花梨球纹：球纹花梨木耐磨、耐腐蚀、不易劈裂、上色性好、易于固定。

石材

关键词：美观 大气 夺目

石材是家居设计中不可缺少的装饰材料。它不但美观大气，而且具有吸音、隔音等功能。除了用于地面，还常用在背景墙，例如沙发背景墙、电视背景墙等。石材背景墙不但吸引眼球，更是体现主人品位与个性化的特殊空间。

材料展示

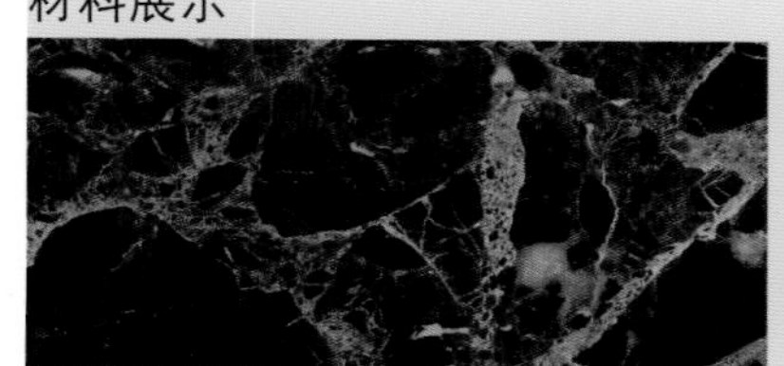

进口深咖网：取材全球顶级石材卡布奇诺大理石，因其有着与卡布奇诺咖啡相神似的质感与颜色，而被意大利人命名深咖网。温润如咖啡般的色泽、雅致如绸缎般的表面质感，是低调奢华空间不可多得的上佳之选。

奶油啡（丝绸面）：具备天然石材的质感和色泽，拥有其他材料无法比拟的耐磨性、耐压性、耐高温、抗划痕、抗腐蚀、不渗透等优点。

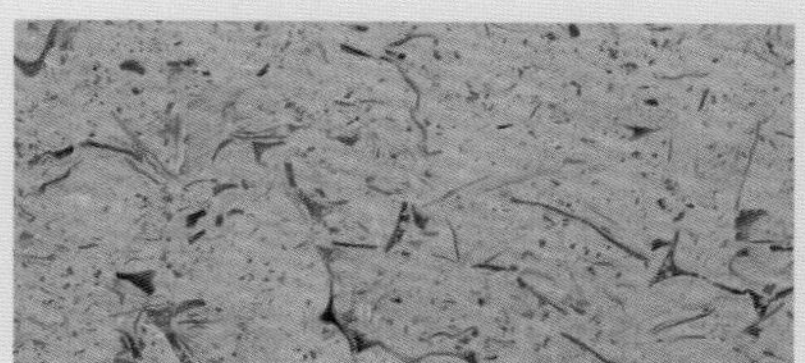

塞纳亚米黄：纹理如同塞纳河在石材上流淌而过的的痕迹，流畅而优雅，蜿蜒曲折而不单调，色泽温煦、单板纹理可形成多达六种颜色不一的层叠线条，色彩自然流淌，丰富自然，彷如塞纳河畔缓缓流淌。

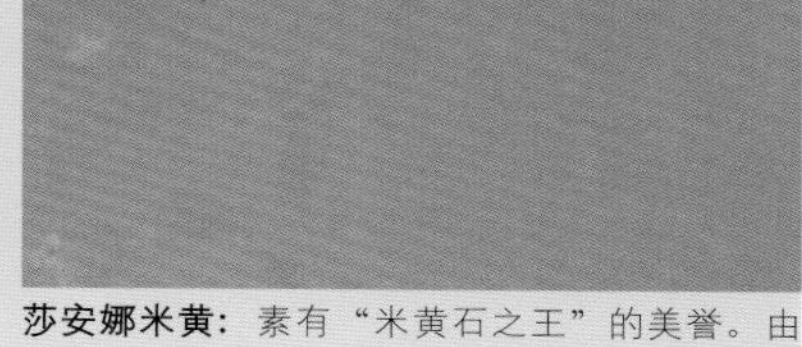

莎安娜米黄：素有“米黄石之王”的美誉。由于质感近似玉石，色调柔和温暖，白中有微黄，特别是它的大理石变质相当充分，因而成为大理石的极品，受到全世界石材装饰界的追棒。

黄金甲

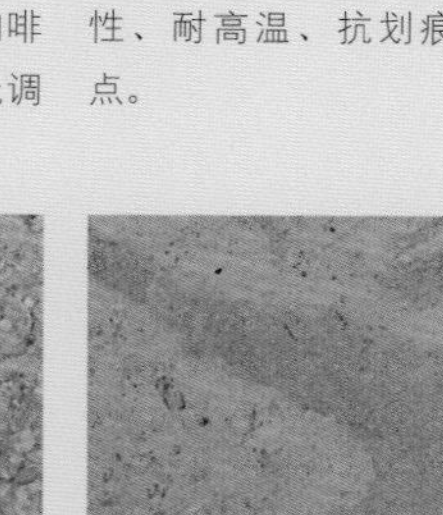

海山湖

爱马士

吉福米黄

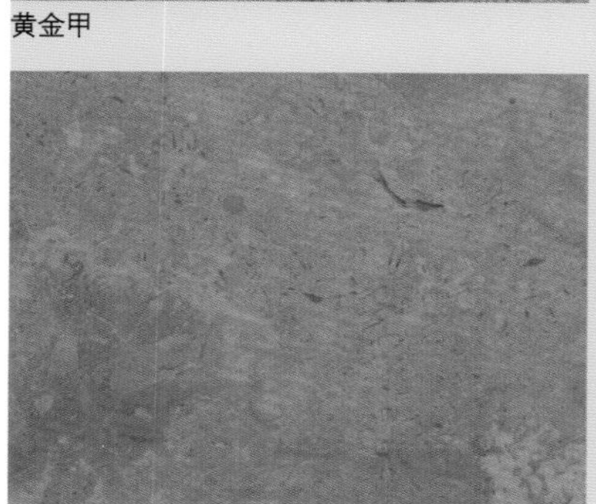

波洛克米黄

罗奇米黄

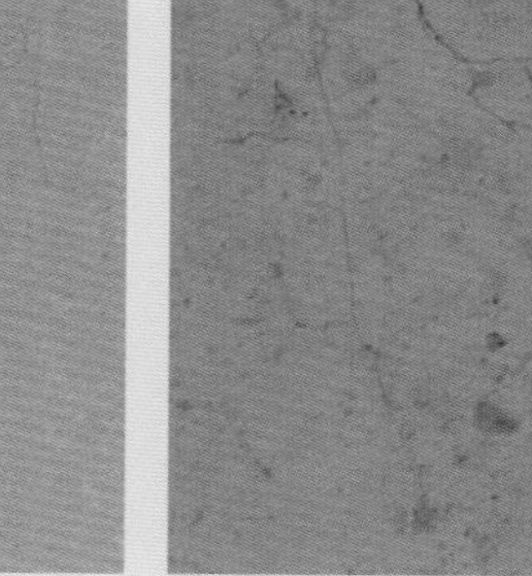

君悦米黄

纤维

关键词：层次感 柔和 亲和

纤维，一般是指具有一定柔韧性和强力的纤细物质。客厅中的地毯、布艺沙发、窗帘、天花等均可采用纤维材质。丰富多样的传统或现代纤维艺术品既可丰富室内空间的层次、营造强烈的空间氛围，又可加强空间的亲和性、凸显文化内涵。

材料展示

PVC皮革壁纸：采用化纤木浆为主料，经过高温处理，精心加工而成，耐水、耐候性强，布纹清晰，自由粗犷，涂层牢固，柔韧性能好。广泛用于酒店、家庭室内装潢画，户内海报招贴，展板广告，艺术写真，商业与民用室内装潢等领域。

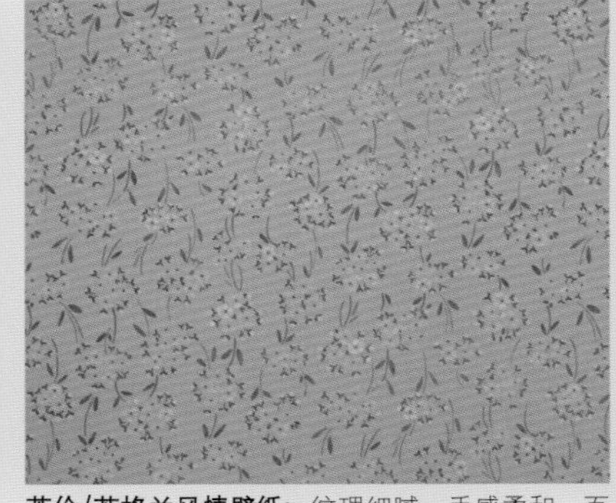

英伦/苏格兰风情壁纸：纹理细腻，手感柔和，百搭的色彩便于搭配家具。搭配上充满怀旧感的家具与配饰，空间呈现一派儒雅的英伦绅士风范。

东南亚风情编织壁纸：浓烈的桔红色、香艳的黄色、神秘的紫色、明丽的绿色等都是体现东南亚风情的主要色彩。应用得当，会有非同凡响的效果。

玻璃

关键词：延伸视野 优美 高雅

艺术玻璃作为隔断、壁饰、屏风等，已成为家居空间中极具艺术表现力的材质。玻璃透明和反光的特殊性，有利于延伸视觉空间。玻璃上面还绘上与客厅地毯相同的图案，自然高雅、互相呼应。可见，玻璃材质既可美化居室，又能拓展空间。

材料展示

冰凌玻璃：也叫裂纹玻璃、冰花玻璃、炸花玻璃等，是采用夹层工艺生产的一种装饰玻璃，主要应用于住宅与酒店的隔断装饰。

水纹（压花）玻璃：这种玻璃表面像水波一样有荡漾、柔和的感觉。

调光玻璃：这种玻璃通电后变为透明玻璃，断电后为不透明，具有很强的私密性。

色彩

关键词：暖色 冷色 方位

色彩可分暖色系和冷色系。客厅颜色可根据客厅窗户的方向而定。如西向的客厅因下午西照的阳光强烈，光线刺眼，适宜选用清淡的绿色来调和；而北向的客厅一般阳光照射不足，应该选用淡红、浅橘等饱和度不高的暖色调，可增添温暖和煦的感觉。

暖色系

关键词：明朗 柔和 和谐

一个空间可以使用几种色彩，但是要分主次。若暖色系的色彩使用面积比较多，即所占空间的比例较大，则认为该空间的色调是以暖色系为主，其他色系为辅。客厅是最公开的地方，也是日常活动和接待客人的主要场所，因此常用透明度高、柔和度强的暖性色彩，以营造明朗、和谐的氛围。

冷色系

关键词：幽雅宁静 活力 空间感

冷色系包括蓝色、绿色和紫色。蓝色的环境使人感到幽雅宁静；绿色的环境充满青春的活力；而紫色的环境有助于发挥想象力与创造力。绿色和蓝色一样具有视觉收缩的效果，不会给空间带来压迫感。小户型的客厅可以采取冷色系的壁纸，让视觉空间得到扩展。

空间

关键词：围合 开阔 大气 动区

客厅通常以聚谈、会客空间为主体，辅助以其他区域而形成主次分明的空间布局。聚谈、会客空间的形成往往是以一组沙发、座椅、茶几、电视柜围合形成，也可以以装饰地毯、天花造型以及灯具来呼应达到强化中心感。客厅是主要活动场所，整体空间设计应开阔、宽敞、大气，属于人的动态活动较多的范围，群聚性强，声响较大。所以，客厅应该靠近住宅的入口区域。

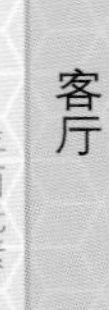

LE CORBUSIER
LE GRAND
GRACE KELLY
SOPHIA LOREN
ELIZABETH TAYLOR

FENDI

照明

关键词：实用 装饰 华丽

设计客厅的灯光有两个功能：实用性和装饰性。实用性表现在一般活动中的照明需要，例如看电视、阅读等，需要合理的照明条件和设备。装饰性表现在：将灯光放在低处表现沉稳，体现华丽感，亦可选择从高处投射而下的炫立灯或射灯等。对于客厅来说，除了基本的光照功能外，照明也可以用来展现个性化的家居风格。

暖色调

关键词：温暖 雅致 热烈

暖色调，一般是指温暖的、热烈的色系，如红色、黄色以及桔红色等色系。客厅主张温暖、温馨的氛围，所以照明一般采用暖色调来营造或衬托。在布置了简单规整的家具陈设的同时，雅致的气氛在暖暖的灯光中荡漾开来，营造出一种清秀高雅的生活品质。

软装

关键词：个性 可移动元素

居住空间中所有可移动的元素统称为软装。软装的元素包括家具、装饰画、陶瓷、花艺绿植、灯饰、其它装饰摆件等。软装饰可以根据居住空间的大小形状、主题风格、主人的生活习惯、兴趣爱好等实际情况，从整体上综合策划装饰设计方案，体现出主人的个性品位。

家具陈设

关键词：沙发为主 摆设多样

客厅的家具陈设以沙发为主。沙发常见的安插方式有“一”型、“L”型、“C”型。“一”型安插十分常见，沙发沿一面墙摆开呈“一”字状，前面摆放茶几，关于起居室较小的家庭可采用。“L”型安插是沿两面相邻的墙面安插沙发，其平面呈“L”型。此种安插坦直，可在对面设置视听柜或放置一幅整墙大的壁画。“C”型安插是沿三面相邻的墙面安插沙发，中心放一茶几，此种安插入座便利，能营造轻松的氛围。

interior

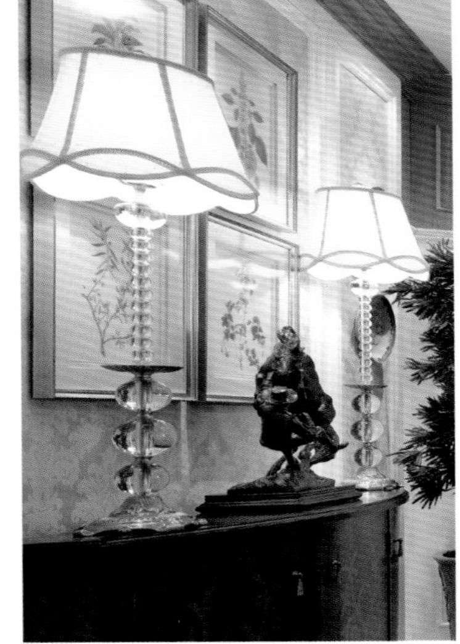

饰品摆件

关键词：实用 美观 室内情趣

众多的饰品摆件可以归为实用型和美化型两大类。例如艺术灯具造型，它有实用的照明功能兼具美观作用；又如精致的烟灰缸提供了盛放烟灰的空间。也有的饰品摆件属于纯粹视觉上的需求，作用在于充实空间，丰富视觉。如墙面上的字画，丰富墙面；桌上的瓷器主要用于充实空间；而玩具可用于增添室内情趣。

VISION
AWKWARD
AGE

Thornton's
Plants.

J.S.MISIOM

布艺织物

关键词：温和 柔软 装饰

无论是营造温馨浪漫还是贵族奢华的家居风格，布艺织物是其中主要的装饰物品之一。它可以使空间产生文雅、温和的感觉，令室内显得舒服和柔软。其色彩、构造和性能丰富多样，在设计中几乎不受限制。布艺织物在室内可作椅子、沙发和靠垫，也可用作床罩、桌布或窗帘等。

关键词：独立式 共用式 质朴 温馨

住宅里的餐厅根据形式可分为独立式餐厅和共用式餐厅。独立式是单独的一个空间，被认为是比较理想的格局，便捷卫生、安静舒适、功能完善，较大空间的住宅可以选择这样的布局。共用式又分为两种情况：一种是餐厅与厨房共用；另一种是餐厅与客厅共用。选择什么样的形式可以根据房屋的空间结构和使用者的烹调习惯来确定。

平面元素

关键词：图与底效果 重叠

餐厅的平面元素基本上是将不同的基本图形，按照一定的规则在平面上组合成图案。主要在二维空间范围之内以轮廓线划分图与地之间的界限，描绘形象。尤其是墙体的表现方式更为突出。

墙体

关键词：轻松活泼 温馨

餐厅墙体的装饰手法多种多样，但应因地制宜。倘若住宅中的餐厅面积较小，可以在墙体上安装镜面以此在视觉上造成空间开阔的感觉。餐厅较之卧室、书房等空间所蕴含的气质要轻松活泼一些，并且注重营造出一种温馨的气氛，以满足家庭成员的聚合心理。

隔断

关键词：时尚 美观 实用

现代家居大多摒弃了传统的独体空间式装修，提倡开放式的理念，从而兴起隔断的制作。运用隔断就能轻松地把各个区域区分开来，并且可节省空间与材料。如餐厅与客厅间采用了镂空花纹的隔断，既时尚又美观；餐厅与厨房之间的红酒柜，既能放置物品，又能起到阻隔作用。

天花

关键词：几何对称 丰富

餐厅的天花设计往往比较丰富而且讲究对称，其几何中心对应的位置是餐桌，有利于空间的秩序化。天花除了照明功能外，主要是为了创造就餐的环境氛围。因而除了灯具以外，还可以悬挂其他艺术品或饰物。

材料

关键词：实用性能高

餐厅地面以各种瓷砖和复合木地板为首选材料，因耐磨、耐脏、易于清洗而受到普遍欢迎，但复合木地板要注意环保要求是否合格。墙面材料一般选择暖色调的乳胶漆，餐厅的顶面材料要根据总体空间是否安排吊顶，如果有吊顶一般采用石膏板，再以乳胶漆饰面。

木质

关键词：线条流畅 自然朴实

木材的装饰特性主要从光泽、质地、纹样、质感这四个方面来考虑。虽然不同树种的木材有不同的质地和纹理，但木材总的来说，给人以温暖亲切和自然朴实的感觉。而用于餐厅中的木材是经过现代加工工艺生产，线条更流畅，色泽更鲜艳，表现了一种规则、秩序等现代美感。

材料展示

代德苏木： 主要分布于西非热带雨林地区，常从利比里亚进口，木材具有光泽，纹理直，结构粗，均匀；旋切和刨切性能良好，切面光滑；胶黏性好，略耐腐。

有影古夷苏： 中文俗称非洲酸枝，结构细而均匀，材质硬重，强度高，干缩大；握钉力强，加工面光滑光洁，耐久、耐腐蚀，不开裂，抗白蚁，不生虫。

尼斯： 尼斯木的心材淡黄或淡红色，通过特殊角度刨切，木纹呈现蛇皮纹，清晰、细腻。目前，尼斯木常被粉饰个性颜色，装饰表现力更丰富。

古夷苏红影

EVZEB

色彩

关键词：明朗轻快 深浅搭配

餐厅色彩宜以明朗轻快的色调为主，最适合用的是橙色以及相同色系，这类色彩都有刺激食欲的功效，它们不仅能给人以温馨感，而且能提高进餐者的兴致。整体色彩搭配时，还应注意地面颜色宜深，墙面宜用中间色调，天花板色调宜浅，以增加稳重感。

暖色系

关键词：祥和 温馨 便于清理

餐厅是进餐场所，在色彩运用上一般应选择暖色调，突出温馨、祥和的气氛。同时要便于清理，如棕色、杏色或浅珊瑚红色最为适合。

冷色系

关键词：宁静 清新

蓝色调装点着餐厅的地毯、餐柜、椅子等，宁静、平和气氛淡淡的散开，充满整个餐厅。而清新的绿色调活跃了用餐氛围。

白色系

关键词： 纯白 洁净 明亮

纯白色系的橱柜，加上简单的直线线条，勾勒出一个洁净、明亮、舒适的厨房环境。

空间

关键词：舒适 融洽 协调

餐厅和厨房不管是独立式还是共用式，都要兼顾空间的协调统一。独立式可发挥的余地多一些，可适当增加吧台、酒柜等设施让其功能更完善；共用式的设计要点是和相邻空间协调，但也要从相邻空间中区分出来，显示不同的使用功能。

餐厅

关键词：闭合 开放 方正 空间中心

倘若餐厅处于一个闭合空间，其表现形式可自由发挥；倘若是开放型布局，应和与其同处一个空间的其他区域保持格调的统一。无论采取何种用餐方式，餐厅的位置居于厨房与客厅之间最为有利。餐厅和其他空间一样，格局讲究方正，再搭配上方形餐桌或圆椅子，方圆组合，别有韵味。

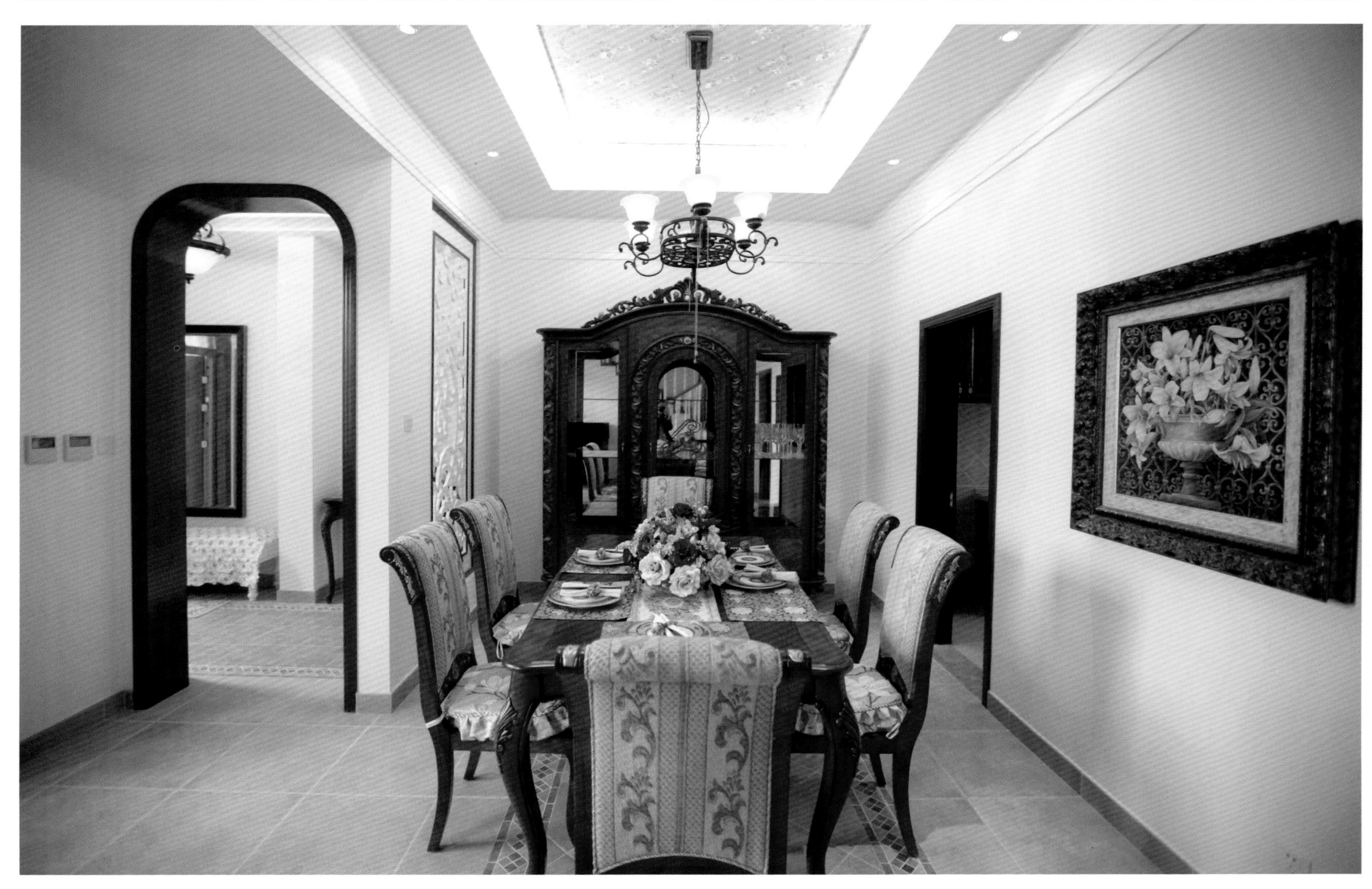

厨房

关键词：简约 直线 开阔

现代厨房的流行趋势是简约主义。形式的简洁体现在设计线条大多为简单的直线，横平竖直，减少不必要的装饰线条，用简单的直线强调空间的开阔感，让人倍感舒适与清爽。

餐厨一体

关键词：共用式 隔断形式

餐厨一体可以用以下方式来做分区：一是可以用顶面造型的不同来区分功能；二是可以用地面不同材质或地面分色来区分，还可以用地面的高矮来割断；三是可以用屏风、花格来做半通透隔断，一般在空间面积大的情况下使用。

照明

关键词：吊灯为主 简洁 温馨

餐桌上的照明以吊灯为佳，周边辅以射灯或漫射灯带营造气氛，亦可选择嵌于天花板上的照明灯。灯具的造型力求简洁、线条分明、美观大方。以方便实用的上下拉动式灯具为宜，也可运用发光孔，通过柔和光线，既美化空间，又能营造亲切的光感。

暖色调

关键词：刺激食欲 温馨氛围

餐厅照明重点突出餐桌，可运用暖色调的光源，既能刺激人的食欲，营造出家的温馨气氛，强化家庭成员之间的感情交流。同时还要保证基础照明，使整个餐厅亮度适宜，营造简洁、舒适的就餐环境。

中性色调

关键词：高亮度 易搭配

餐厅的照明，要求色调柔和、宁静，有足够的亮度，不但能够清楚地看到食物，而且要与周围的环境、餐桌、椅子等相匹配，构成一种视觉上的美感，所以常采用中性色调的白光吊灯以满足实际之需。

软装

关键词：功能性 装饰性

餐厅中可放置的软装一般包括有家具类的餐桌、餐椅、餐柜等；饰品类的插花、挂画、工艺品摆件等；织物类的桌布、靠垫等。合理设置软装成为现代简约家居中增添个性与品位的重要环节。

家具陈设

关键词：理性布局 平衡沉闷感

当餐厅呈现出长条状时宜采用椭圆形餐桌来加强纵深感，既充分利用了室内面积，又便于行走，而且长条状的餐桌有视觉拉伸的作用。装饰洁净的厨房比较缺乏生气，用厚实的原木方桌和生命力顽强的绿色植物能为厨房增添生活气息，并产生亲切感。

饰品摆件

关键词：个性化 艺术性

餐厅一般设置了餐柜，其重要作用是放置装饰品和艺术品，以提高居室的艺术品质。餐桌上除了利用餐盘、烛台进行装饰之外，色彩鲜艳的仿真植物、个性十足的工艺品也能起到很好的点缀效果。

卧室

关键词：简洁清新 私密性 舒适

卧室是人们休息的主要处所，其布局、装修会直接影响到人们的生活、工作和学习。所以应把握以下原则：1、要保证一定的私密性；2、使用要方便，考虑设施的功能性和实用性；3、风格应简洁；4、硬装和软装的色调、图案应和谐；5、灯光照明要讲究。

平面元素

关键词：重复手法 强调节奏 形态结合

重复是平面元素设计中比较常用的手法，以加强给人的印象，造成有规律的节奏感，使画面统一。在重复的构成中主要是形状、颜色、大小等方面的结合。多个重复的基本形构成一个整体平面，而平面再以不规则的线条勾勒出流畅、各异的形状，使空间显得既齐整又活泼。

地面

关键词：舒适 保暖 浅色调为宜

客厅地板偏向耐磨，而卧室地板则更多要求安全、舒适、卫生。除此之外，还应具备保暖性。卧室地面一般宜采用中性或暖色调，材料用木地板、地毯或陶瓷地砖等，而儿童房内则普遍使用具有弹性的橡胶地面。

墙体

关键词：简约 小型装饰品

卧室的墙壁约有1/3的面积被家具所遮挡，而人的视觉除床头上部的空间外，主要集中于室内的家具上。因此墙壁的装饰宜简单，床头上部的主体空间可设计有个性的装饰品，选材宜配合整体色调，烘托卧室气氛。

to Broadway
to Herald Square
Steve Francis

隔断

关键词：固定式 立板式 分割区域

卧室里的隔断一般为固定的、立板式的断门隔断或家具隔断。由于卧室既可以是工作娱乐的场所，又是休息的地方，所以卧室常以各种不同的隔断来分割功能区域。在美观的同时，又保证了卧室的私密性。

天花

关键词：平面式简洁 凹凸式造型丰富

天花一般分为平面式吊顶和凹凸式吊顶两种。平面式吊顶是指表面没有任何造型和层次，构造平整、简洁、利落大方，材料也较为节省；而凹凸式吊顶是指表面具有凹入或凸出构造处理的一种吊顶形式，造型富于变化、层次感强，常与灯具搭接使用。

材料

关键词：触感柔软 隔音性能

卧室应选择吸音性、隔音性好的装修材料，触感柔细美观的布贴以及具有保温、吸音功能的地毯都是卧室的理想之选。像大理石、花岗石、地砖等较为冷硬的材料不太适合于卧室使用。若卧室里带有卫生间，则卧室的地面应略高于卫生间，或者在卧室与卫生间之间用大理石、地砖设一门槛，以防潮气。

木质

关键词：天然质感 柔和色系 隔音

木材的木色、纹理富含天然的美感和质感，充满着大自然的原生态气息，而且拥有优良的物理性能，可以保证休息睡眠的温暖、舒适与健康。木材的颜色，一般都是以橙色为色彩基础，属于柔和的温暖色系，利于身心的归属感与安适感的绵延。木材的隔音性能较好，能保证卧室的安静。

材料展示

斑马木：又叫乌金木，最初始于其木纹的华美。乌黑与金黄的丝丝交错，其纹理又如同斑马身上流动的斑纹，动感十足，带来西非高原独有的狂野浪漫；其色泽焕发金属感，炫彩夺目，是一种现代感十足的木材。

有影铁线子：铁线子木材耐腐性很强，在斯里兰卡有人用作门框，135年后仍完好。直纹理，耐腐耐磨，抗白蚁，干缩绞少，较稳定。适用于高级地板、木制品。

古秋香直纹

玉檀香：玉檀香木非常稀有名贵，主要用于生产高级地板，佛像首饰等。因纹理非常优美，被巴西誉为“圣木”。木材甚重，密度高，强度大，抗虫防腐性好。

纤维

关键词：柔软 吸音 弹性

绒绒质地的地毯铺在卧室中可以增添温馨气氛，还可以坐在地毯上玩玩游戏、看看书、听听音乐，非常惬意。选取地毯时可根据五方面来判别材质的优劣：编织密度、耐磨性、回弹性、静电性、耐燃性。

材料展示

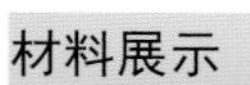

东南亚风情编织壁纸

PVC皮革壁纸

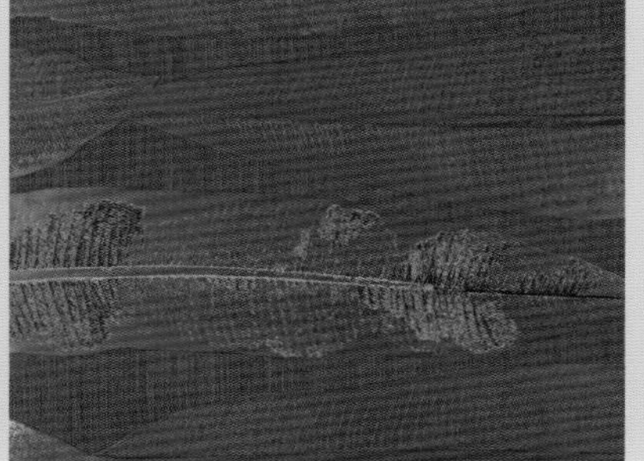

自然风情壁纸

中式风格手绘壁纸

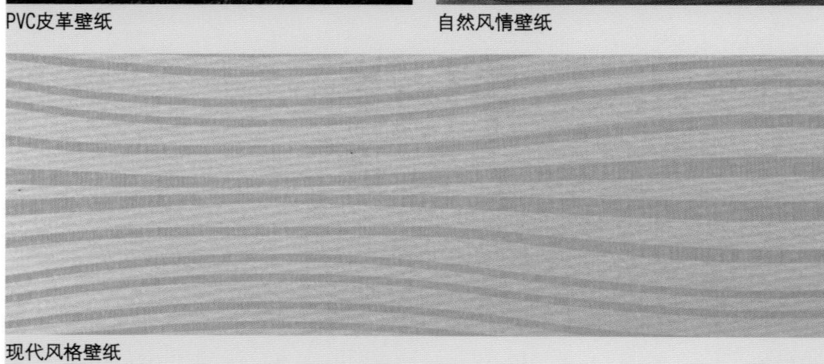

现代风格壁纸

羊毛地毯：优质的羊毛地毯有很好的吸音能力，可以降低各种噪音。毛纤维热传导性很低，热量不易散失。另外，好的羊毛地毯还能调节室内的干湿度，具有一定的阻燃性能。

色彩

关键词：轻松 明亮

卧室较适宜的装饰色彩为米色、灰色以及木板的原色，这些色彩让人心境平和，有助于营造安睡的宁静氛围。儿童房的颜色宜新奇、鲜艳，花纹图案也应活泼一点。年轻人的卧室则应选择新颖别致、富有欢快、轻松感的色系和图案。因此，可根据不同年龄阶段的人的喜好来选择色系。

暖色系

关键词：提高亮度 温暖

若卧室的墙面、地面等大面积的地方为暖色系，则卧室总体色调偏暖。若墙壁是白色或其他冷色系，利用暖色系的窗帘或者床上用品能达到调色作用，从视觉上也能够营造温暖的感觉。 如卧室的面积较小、光线偏暗，装饰材料应选择偏暖色系和浅淡色的小花图案。

冷色系

关键词：清爽 安静

冷色系列卧室常采用绿色或者蓝色作为房间的主色调，总会让人联想到森林、海洋，像大自然一样能给人清爽舒适的感觉。老年人的卧室宜选用偏蓝、偏绿的冷色系，图案花纹也应细巧雅致。

空间

关键词：安稳 活泼 灵活布局

卧室可分为主卧、次卧（儿童房、青年房、老人房或客房）和保姆房。主卧在空间上的设计最大限度地提高舒适性和私密性，布置和材质要突出清爽、隔音、软、柔等特点。而子女房与主卧的最大区别在于需保持一定程度的灵活性，能界定出大致的休息区、阅读区和储藏区就可以，而色彩才是子女房设计的要点。现代卧室空间一般不采用传统的中轴对称形式，而是采用不对称的自由布局。不管采用何种布局形式，都应以宁静、安稳为原则，适合卧室功能的需要。

照明

关键词：明暗调节 营造氛围

一般卧室的灯光照明，可分为普通照明、局部照明和装饰照明三种。普通照明供起居室休息；而局部照明则包括供梳妆、阅读、更衣收藏等；装饰照明主要在于创造卧室浪漫、温馨等氛围。

暖色调

关键词：低色温 舒适 静谧

卧室是让人摆脱劳累、缓解压力、休整身心的空间，所以室内照明应选用低色温的暖性光源，床头上方可嵌筒灯或壁灯，也可在装饰柜中嵌筒灯，使室内更具浪漫舒适的温情以及柔和、静谧、温馨的气氛，容易安眠。

中性色调

关键词：明亮 宁静 舒适

卧室灯光的光色需与色彩相协调，以不破坏色彩的灯光光色为佳。一般以静谧、舒适、安稳的中性白色吊灯作为室内主要照明，辅以暖色调的床头灯作为睡前休憩之用。

软装

关键词：风格迥异 营造气氛

卧室的软装搭配根据不同年龄阶段的人，设计的侧重点会有所不同。“儿童房”可设计多一些放玩具的格架，地面可多铺置地毯；“成人房”则需设置必不可少的梳妆台、衣橱，以及浪漫情调的窗帘、卧具等；而“老年人房”常采用暖灰色调、简洁素雅、实用简单的软装配置即可。

家具陈设

关键词：圆角造型为主 实用性强

卧室以床为中心，一般床头靠墙，两侧常设置床头柜，用来放置台灯、相架、闹钟等小摆件。衣柜最好靠西北边的墙壁摆设，让门扇或抽屉朝东或南开，并且为了有效利用空间，放置时尽可能的把衣柜、化妆台等排成一列。因为卧室的活动空间较小，室内以修饰圆滑的边角造型的家具为宜。

饰品摆件

关键词：小巧别致 提升格调

卧室里的饰品摆件或艳丽或阳刚，或可爱或充满创意，即使简单小巧的东西也能让房间瞬时温馨梦幻起来。别致的设计提升着卧室的格调，渲染着雅洁、宁静舒适的气氛。若放置少许植物，更有助于提升休息与睡眠的质量。

STONE DESIGN

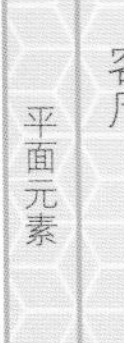

布艺织物

关键词：质感柔软 保温性强 易于清洗

床上用品在卧室装饰陈设中所占的面积较大，其颜色、花纹对整体风格影响明显。由于床上的布艺织物直接接触人的身体，最好采用环保染料印染的纯棉高密度的面料，手感好，保温性能强，也便于清洗。设计精美、品质优良的床上布艺，不仅会给人带来赏心悦目的外观，更是居家的心情体现和安眠的体验。

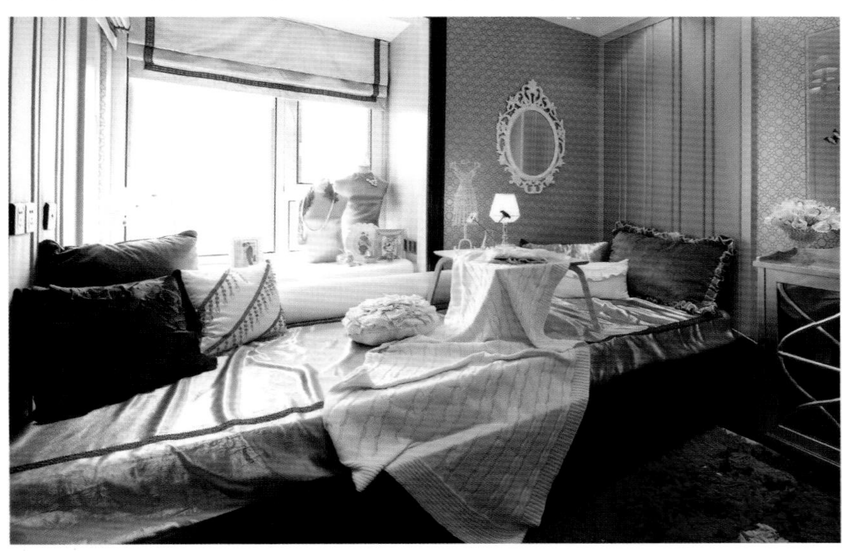

书房

关键词：工作学习 宁静 沉稳

书房又称家庭工作室，是作为阅读、书写以及业余学习、研究、工作的空间，特别是从事文教、科技、艺术工作者必备的活动空间。书房，是人们结束一天工作之后再次回到办公环境的一个场所。因此，它既是办公室的延伸，又是家庭生活的一部分。书房的双重性使其在家庭环境中处于一种独特的地位。

平面元素

关键词：暗调形式 重复手法 干净素雅

书房的平面元素设计应当儒雅，采用暗调的形式来呈现平面图形，并常运用重复的手法来进行平面设计，使整个空间环境显得简单而不单调，从而达到干净素雅的效果。

地面

关键词：地毯装饰

书房地面常以地毯铺置于木地板上、书桌下，既避免书桌或椅子移动时刮花木板，也美化了整个书房。地面一般颜色较深，所以，应选择亮度较低、彩度较高的地毯来搭配。

墙体

关键词：简洁明快 淡雅 个性化

对于追求安静雅致的书房来说，墙体应简洁明快，营造一种宁静淡然的氛围。墙体应选择明度较高的颜色，以提升书房采光。墙纸款式繁多而精美，主色调也应淡雅清新。墙绘追求个性化，无论哪种风格，都要力求营造一种愉快的阅读氛围。

材料

关键词：隔音吸音 厚度感

书房是用来工作与学习的地方，所以一定要安静。材料的选择上可采用隔音和吸音效果比较好的装饰材料来进行装饰。天花板可选择吸音石膏来进行吊顶；墙壁则可以使用软包装饰布来装饰；地面可使用吸音效果比较好的地毯；而窗帘也需要比较厚的材料，这样才能有效阻隔来自窗外的噪音，营造一个安静的氛围。

木质

关键词：沉稳 雅致 古色古香

木质的色调与质感都给人宁静、沉稳的感觉。其“散发”的清香和纯真的视觉感受有助于稳定人的情绪，增强大脑的逻辑思维能力。清幽雅致、“古味”十足的木质书房起到让人静心潜读的效果。

材料展示

花梨直纹： 花梨木也有老花梨与新花梨之分。老花梨又称黄花梨木，颜色由浅黄到紫赤，纹理清晰美观，有香味；新花梨的木色显赤黄，纹理色彩较老花梨稍差。

沙比利： 沙比利木材与真桃花心木有很多相似的应用领域，如：普通家具、细木家具、装饰单板、镶板、地板、室内外连接用木构件、门窗基架、门、楼梯、船具等交通工具和钢琴面板。

黑檀203： 质地硬度极高，不易磨损，木料纤维细腻，无毛孔，耐潮湿。是著名的珍贵家具、高档装修、工艺雕刻及乐器用材，归入世界名木之列。

紫兰

赤非红（高光）

色彩

关键词：冷色系居多 明亮中性色

书房环境和家具冷色调的使用率较高。冷色系有助于人的心境平稳、气血通畅。由于书房学习和工作场所应避免过于耀目和昏暗的色彩，适宜选用明亮的无彩色或灰棕色等中性颜色。

冷色系

关键词：静谧 清爽 严肃

书房的色彩一般选择稳重感的冷色系或带有蓝色的明快色系，看上去静谧、清爽，有助于集中精神和松弛情绪。但为避免单调和乏味，在大面积偏冷色调为主体的色彩运用中，可摆放小型的色彩鲜艳丰富的饰品摆件，起到“点睛”作用。

空间

关键词：面积较小 布局灵活

书房的布局一般包括有阅读、书写功能的书桌、工作台，还有书刊、资料等物品存放的书橱，相对比较正式的书房还有由客椅和沙发组成的接待交流区。这些区域既相互联系又相对独立，共同构成一个和谐的工作学习环境。书房的面积标准一般可分为：相对独立功能的书房一般不小于10平方米较为适宜；利用卧室或客厅一角布置简单书写学习功能区域的也需2～3平方米以上。

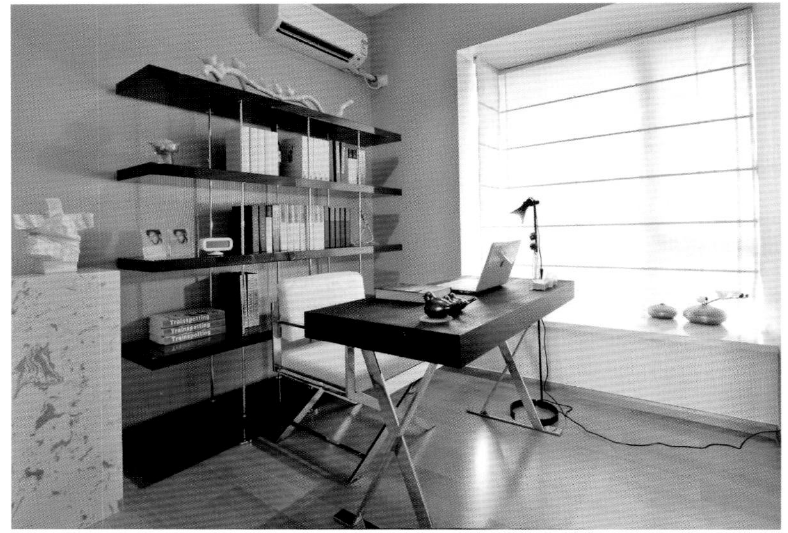

软装

关键词：简洁 情趣 书香味

书房的家具以简洁为主，一般为书桌、书柜和椅子。除了必备的家具陈设之外，还需要适当的加入工艺摆件，如字画、装饰画、盆栽等，让书房添几分淡雅的情趣和浓浓的书香味。

家具陈设

关键词：布局灵活

书房的家具以书桌和书柜为主。书桌应置于窗前或窗户右侧，以保证看书、工作时有足够的光线，并可避免在桌面上留下阴影。书桌和书柜可平行陈设，也可垂直摆放，或是与书柜的两端、中部相连，形成一个读书、写字的区域。书柜间的深度以30厘米最为适宜，深度过大既浪费材料和空间，又给取书带来不便。书柜的搁架和分隔可根据书本的大小、按需要加以调整。

饰品摆件

关键词：活跃气氛 适量

在书房中摆设一些饰品摆件，可起到点缀作用，打破略显单调的环境。如书橱里除了摆放井然有序的藏书以外，可留出一些空格来放置小工艺品；书桌适当布置台灯、盆景等摆件；墙面则用壁挂、字画、图片来装饰。这些饰品摆件不但活跃了气氛，而且体现了主人的志趣与修养。但书房是工作和学习的地方，饰品不宜过多，以免分散注意力。

CENTURY
CENTURY
CENTURY

Arletta

AROUND THE WORLD

卫浴间

关键词：玻璃采光 干燥材质 注重通风

卫浴间不仅是方便、洗澡的地方，也是调剂身心、放松神经的场所。其设计基本上以方便、安全、易于清洗及美观得体为主。使用玻璃来加强采光、选用干燥易打理的材质、采用空气对流良好的通风系统，这都是卫浴间的设计重点。

平面元素

关键词：独立平面 相互联系

平面设计将不同的基本图形，按照一定的规则在平面上组合成地面、墙体和天花等，并在各自的平面范围内描绘形象。三个平面之间既相互交叠，又保持独立个体，联系之间可以产生一个新的立体空间。

地面

关键词：防水防潮 易于清洁 小型砖块组合

卫生间的地面最好选择瓷砖、通体砖，防潮效果较好。最好选择有织纹类型的釉面砖，这种砖易于护理，外观近似天然石材，不但防滑，而且样式比较新颖。尽量不选择大尺寸的瓷砖，因为在铺贴瓷砖时，小瓷砖可以很好地掌握坡度，使地漏下水顺畅。

墙体

关键词：马赛克 色彩丰富 图案个性化

卫浴间的墙体常运用不同色彩、不同规格、不同形状的马赛克进行拼接，五彩斑斓的马赛克被巧妙地穿插利用，在纵横交错搭配下组合出不同的画面与感觉。丰富了墙体、点缀了空间，美观别致的同时更加时尚、独特。

隔断

关键词：开放式阻隔 划分干湿区 古韵

利用中式镂空木质屏风做隔断，留存得当，既起到阻隔作用，又保证了卫浴间的宽敞观感。另外一边的隔断设计将坐便器区域与盥洗区域适当隔开，制造出小隔间的效果，并将卫浴间的干湿区域进行了简易的划分。

天花

关键词：软质板 镂空 排气

浴室吊顶可以根据不同造型，选用多种材料，如选用软一点的防水板、软板、塑铝板。现在的集成吊顶更完美地配合了现代家居对卫浴的舒适和安全要求，由于沐浴会产生大量的水蒸气，浴室的天花吊顶选择镂空及有排气模块的为佳。

材料

关键词：防水防腐 易于清洁 美观 安全

卫生间的设计基本上以方便、安全、易于清洗及美观得体为主。由于卫生间的水气很重，内部装潢用料必须以防水材料为主。浴室的墙壁和天花板所占面积最大，所以应选择防水、抗腐蚀、防霉的材料来确保室内卫生，瓷砖、强化板和具防水功能的塑料壁纸都能达到这些要求。

木质

关键词：光润顺滑 易于搭配 雅致

卫浴材料常选用香柏木、红椿木、彬木等优质木材，无论是与现代或典雅的陈设搭配都相宜。其以考究的表面处理工艺来抵挡温度、湿度的侵袭，确保基材长期在卫生间内使用不会开裂变形。卫浴木材经过防水防腐多级处理，成品表面光润优雅，不仅可以做墙面，更是制作桑拿蒸气房的优质材料。

材料展示

灰影：灰影木皮是天然带影木皮通过染色形成的。

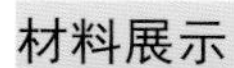

灰橡

石材

关键词：款式多样 硬质 高雅

卫浴石材在颜色材质上种类繁多，但主要使用的是大理石和花岗石。一般常用素色、纯色或纹理简单的石材来装饰卫浴的地面和墙体，而纹理丰富的大理石则用来装饰洗手台的台面，这样给卫浴平添了几分高雅的气氛。

材料展示

意大利木纹：米黄、灰底，纹路均匀，材质光泽优雅、古典，纹理细腻淳朴，质感高雅润泽，木纹纹理韵致生动逼真，融自然原色和奢华为一体，是装饰豪华建筑的理想材料。

白洞石：色泽清淡柔和，因表面有许多孔洞而得名，硬度高、线条均匀、变化小，是洞石中的上品。

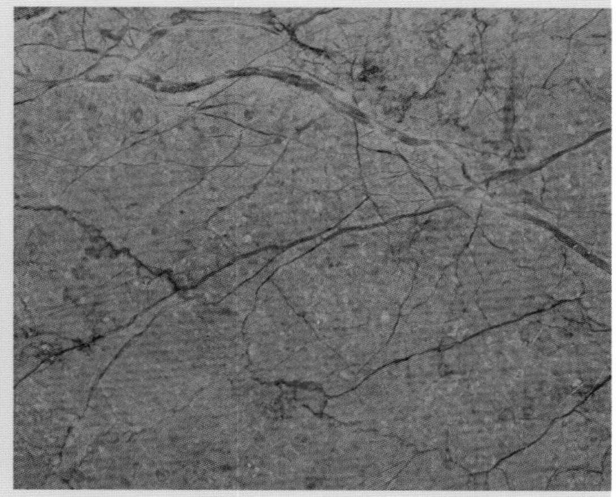

罗马金网

罗马灰

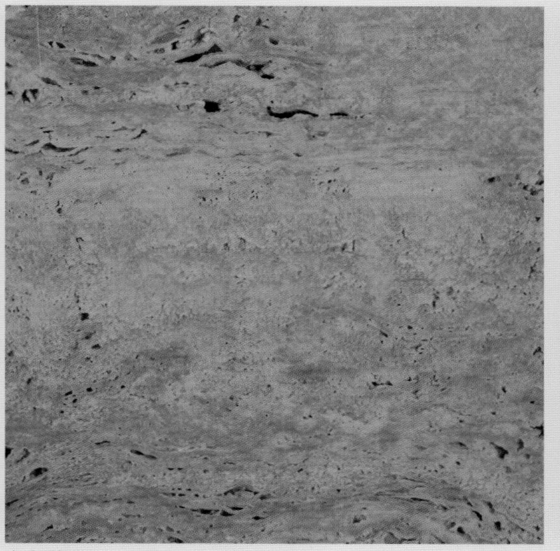

意大利洞石：硬度强，纹路好，光泽度高。

夜巴黎

普罗旺斯

海蓝宝：结构致密、质地坚硬、耐酸碱、耐气候性好，可以在室外长期使用。一般用于地面、台阶、基座、踏步、檐口等处。

瓷砖

关键词：使用广泛 易湿滑 耐磨

瓷砖是最常用的卫浴间地面铺设材料，耐用又不透水。无需过多保养，能抵受高度的磨损。其颜色及样式多种。非防滑的瓷砖表面沾水后变得非常湿滑，需注意湿度的适中。另外砖与砖的缝隙之间容易藏污纳垢，需及时清洁。

材料展示

仿古砖

石材马赛克：在耐磨性上，石材马赛克是瓷砖和木地板等装饰材料无法比拟的，因每块小颗粒间的缝隙较多，形成其抗应力能力要比其他的装饰材料更具优势。广泛应用于浴室和厨房装饰中。

玻璃

关键词：通透 开放 新颖

卫浴间的空间局限性较大，若要形成大空间的态势，就要在视觉上感到通透感。于是有了在卫生间装上大面积的玻璃、玻璃砖，或采用镜面，营造出通体透明的空间。透明卫浴间不但注重了沐浴功能性，也凸显出生活享受与品位。

色彩

关键词：时尚 活泼 个性

精致的家居生活要从色彩开始，传统的观念中，卫浴间的色彩多是洁净感强烈的白色调。而现代家居更多的是追求“炫”和饱和度高的色彩，如选择有色彩的瓷砖、壁面油漆、五金配件等，从而使卫浴间更有生气。

暖色系

关键词：温馨 暖和 层次感

运用低对比度的暖色系和统一软装与硬装的色调可勾勒出温馨的卫浴空间，既弥补了较大的空间局限性，又增加空间层次感。使卫浴间变得不再冰冷，带给人暖和、喜悦的感觉。

冷色系

关键词：清凉 沉静 延伸视觉

卫浴间是住宅中难得的亲水空间，冷色系的环境让人享受到夏天独有的清凉和自在。蓝色空间折射出的光影效果容易让人在置身其中时感到海水般的清凉。蓝色等冷色系的颜色令人感觉凉爽、冷静，并能从视觉上拓宽空间的宽敞度。

空间

关键词：内外畅通 多功能 休闲舒适

在空间的设计上，一方面注意室内外的沟通，达到光线、视觉、空气通畅；另一方面注重视觉、听觉上的舒适度与休闲性，可引入家具、绿化效果，其中还有小型更衣室、化妆间等。卫生间是住宅中功能最多、使用最频繁的空间，人性化的设计会使这个空间变得更加的舒适、多功能、个性化，在满足使用功能的同时，更增加艺术气息，更加智能化。

CENTURY

软装

关键词：舒适 实用 美观

卫浴间在现代生活当中属于休息、调节和享受的场所，其小环境的合理美化显得十分必要。舒适、实用、方便的使用氛围，无疑能增添生活的乐趣。这就要求空间里的软装陈设合理、美观，并与居室的整体装饰和谐、统一。

家具陈设

关键词：收纳 简洁 防水

卫浴间收纳柜不仅增加了空间的利用，也可以通过柜子风格的选择来美化卫浴间。另外，在设置物品架、置物台时，必须选用防水材料，做到可以用水清洗。此外，卫浴空间中的家具、搁架等造型应简洁，少线角，以免结垢后不利清扫，还须注意不能有棱角，以防碰伤身体。

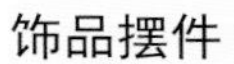

饰品摆件

关键词：优雅 放松 防潮

将艺术品或工艺制品放置于卫浴间内，但须排除卫浴间比较潮湿的环境对于工艺品可能带来的损伤。装饰卫浴间的器饰，以不破坏空间的秩序感为限度。选用玻璃的摆件、陶瓷器皿、竹雕木器装饰卫浴间，与现代风格的卫浴间会非常协调。适度地在洗手台或沐浴区放上精油灯或盆栽，令人倍感舒服放松。

走道

关键词：“交通”空间 引导性 组织性

走道在住宅的空间构成中属于交通空间，是一个空间与另一个空间水平方向的联系方式，也是组织空间秩序的有效手段。走道在空间变化中具有引导性和暗示性，增强了空间的层次感。

平面元素

关键词：朗阔 丰富

走道由天花、地面、墙面组成，其中很少有固定或活动的家具，因而可将平面设计的元素运用到这几个界面的结构或造型上，使得原本狭长、沉闷的走道空间变得多姿多彩。

地面

关键词：视觉完整性 对称性 低噪音

因走道缺少家具，所以当走道选用不同的材料时，地面的图案变化也最为完整，因此选择图案或创造拼花时应注意它的视觉完整性和轴对称性，同时图案本身以及色彩也不宜过分夸张。另外走道地面选材时还应注意声学上的要求，由于走道连接公共与私密空间，所以在选材时要考虑到人的活动声响对空间私密性的破坏。

墙体

关键词：可变性强 艺术气息

走道空间的主角是墙体，墙体符合人的视觉观赏上的生理要求，可以做较多的装饰和变化。墙体的装饰有两方面的含义，一方面是对界面的包装修饰，包括墙面的划分、材质对比、照明形式变化、踢脚线、阴角线的选择，以及各空间与走廊相连接的门洞和门扇的处理等；另一方面是脱离于装修和固定的艺术陈设，如字画、装饰艺术品、壁毯等种类繁多的艺术形式。

天花

关键词：韵律性 活跃

在住宅中走道天花形式较为简单，仅仅做照明灯具的排列布置。由于走道没有特殊的照度要求，因而它的照明方式常常是简灯或槽灯。走道的灯具排布要充分考虑到光影形成的富有韵律的变化，以及墙面艺术品的照明要求，有效地利用光来消除走道的沉闷气氛，创造生动的视觉效果。

材料

关键词：防滑 多样材质结合

在走道的材质选择上，现代人喜欢组合使用。比如木铁组合、不锈钢与玻璃组合等。相比单一纯粹的材料，多一种元素就多一分情趣。造型优美的走廊楼梯不光是上下楼的工具，也是居室内精美的装饰品，可以丰富居室的空间环境，表现家庭的豪华，给人以美的享受，体现主人的居家品位。

木质

关键词：自然 温暖 质朴

木材因其自然、柔和、温暖的特点，在家庭装修楼梯中应用较为广泛。木质楼梯防滑，保暖效果好，但耐磨性差，不易保养，多使用在跃层式住宅内连接私人和公用空间的通道上，因为该楼梯相对走动人少。

材料展示

大非洲楝：木材强度高，耐久，抗白蚁，宜于制作地板，室内装饰配件、护墙板以及橱柜、高档家具、室内外细木工制品、门窗等。

风车藤木

榆木山纹：榆木的天然纹路美观，质地硬朗，纹理直而粗犷。经烘干、整形、雕磨髹漆、可制作精美的雕漆工艺品。在北方的家具市场随处可见。

金属

关键词：现代感 时尚 冷峻

金属材质楼梯在一些较为现代的年轻人、艺术人士的家中较为多见，它所表现出的冷峻和材质本身的色泽都极具现代感。楼梯扶栏的最理想材料是用煅钢，其次是铸铁。

材料展示

发丝黑（日本）

发丝板+抗指纹奈米处理

帆布

石材

关键词：坚实 华丽 光滑

石材梯步虽然触感生硬且较滑（通常在踏面的前部与踏面的转折处设置金刚砂、铸铁板等材料构成的防滑条），但装饰效果豪华，易于保养，防潮耐磨，所以多被采用在别墅的公用楼梯装饰中。

材料展示

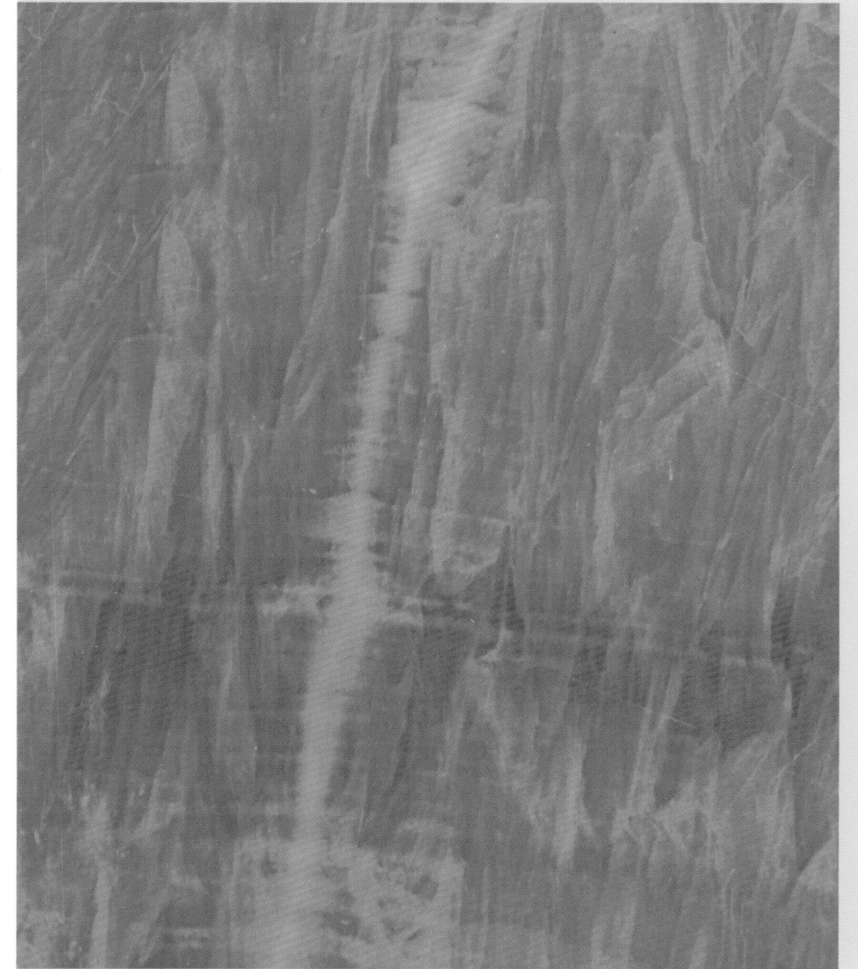

松香玉（复合石）： 外呈金黄色，光泽鲜艳夺目，条纹走向清楚明了，花色自然纯真、立体感强，是加工工艺品的首选之良材。

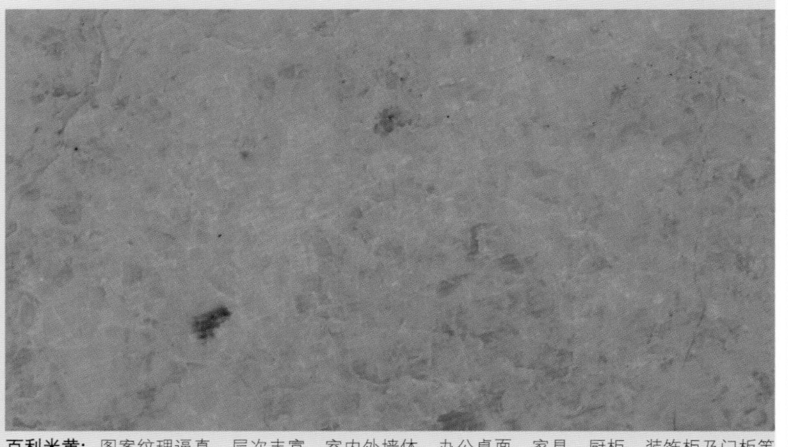

百利米黄： 图案纹理逼真、层次丰富，室内外墙体、办公桌面、家具、厨柜、装饰柜及门板等均可使用。

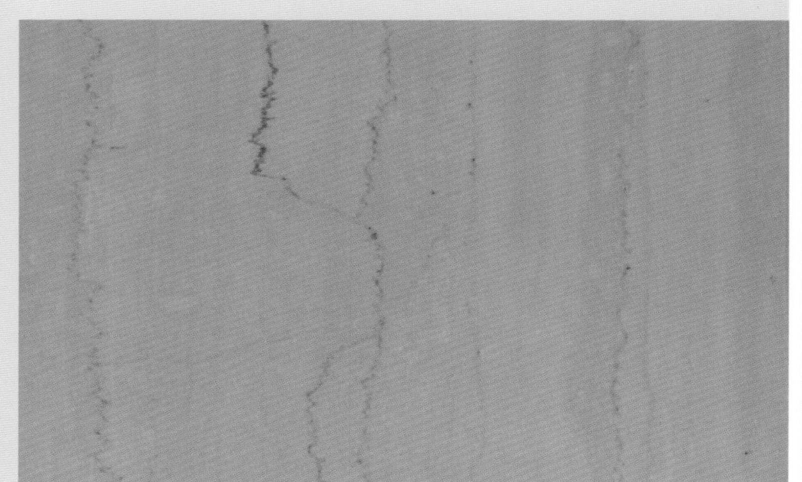

现代木纹： 材质优良、纹理特殊、光亮晶莹，泛用于高档场所的地面、内墙的装修，如酒店、餐厅、机场、写字楼、豪宅等。

瓷砖

关键词：洁净 舒适 大方

瓷砖给人感觉简洁、舒适，适合于家庭各室之间的走廊。精致的花边起到装饰作用，提升整体美感。而且地砖周围具有浅浅的凹槽，可以起到防滑的作用。

材料展示

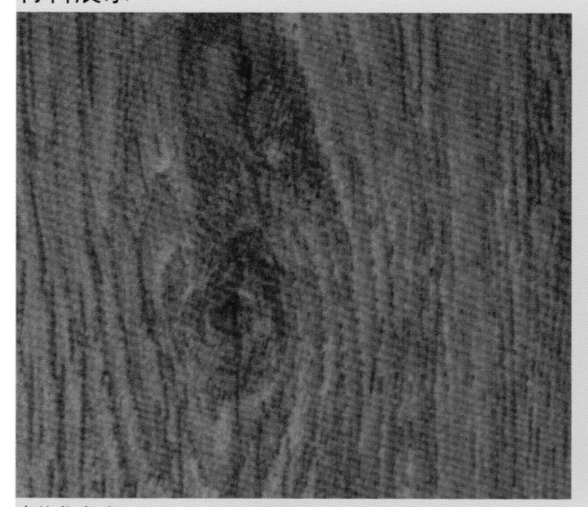

木纹仿古砖：主要应用于具有典雅、古典风情的空间中。

BOBO薄板砖：是一种产自西班牙的砖。优点在于硬度高，厚度薄，可代替石材，而且在切割过程中的损耗是非常小的，不用干挂，使用起来会大大节省成本。这款砖面市已有5年了，但因刚面市时价位较高，所以近一两年才开始运用得比较多。

色彩

关键词：明亮 色调统一

走道区域因门与转角较多，不容易装修出色，给人感觉较为冷暗。色彩应以明亮而不刺眼的颜色为宜，过于鲜艳繁多的颜色，会让走道空间显得杂乱无章。走道与墙的色彩应保持一致，使区域富于整体感，避免琐碎的视觉感受。

暖色系

关键词：简洁明快 柔美敞亮

走道应以单纯而不单调的浅暖色系为主，营造简洁明快的气氛，加上暖色调的灯光把走道照耀得更加柔美、敞亮。而浓烈的暖色系有膨胀感，使得墙面有内向的感觉，显得走道更受挤压。

空间

关键词：重点装饰

人对物体形态轮廓线的起伏感受最为敏锐，那么在走道的设计中，把细部设计的重点放在空间的转折点和交接处，可避免走道的狭长感与沉闷感。如直线走廊中心处放置家具或工艺品；楼梯转角处挂几幅油画等，打破走道的单调与乏味。

走廊

关键词：简洁 迂回 通透

走廊依据空间水平方向的组织方式，大致可分为“一”字形、“L”形和“T”字形。“一”字形走廊方向感强、简洁、直接；“L”形走廊迂回、含蓄，富于变化，往往可以加强空间的私密性；“T”形走廊是空间之间多向联系的方式，较为通透，可形成一个视觉上的景观变化，有效地打破走廊沉闷、封闭之感。

楼梯

关键词：线条简洁 直接 大气

楼梯作为垂直交通的工具，将层与层之间紧密地联系在一起。住宅中的楼梯一般为简洁端庄的直线楼梯。其几何线条给周围环境渲染上朴素大方、直接坦率的色彩。双折或三折楼梯是直线楼梯的代表，它们既有线条的交叉变化，又不失直线楼梯的大气。

软装

关键词：提高使用率 丰盈空间

走道在家居装修中很容易被忽略，但是它的作用是不容忽视的。把过道放宽些，将一些软装融合到过道的空间里，提高过道空间的总体使用率，又不会妨碍正常交通，更使走道显示出不一样的魅力。

家具陈设

关键词：实用 美观

走廊楼梯是住宅中走动频繁的地带，摆放尺度适当的家具，方便主人存放外出衣物或经常取用的零碎物品。为了不影响进出，家具不宜太大，圆润的曲线造型既会给空间带来流畅感。除了储物的实用功能，还可以将尽头的墙面加以处理：一幅写意的装饰画、一款雅致清新的墙面造型，都可以塑造曲径通幽的美妙意境。

饰品摆件

关键词：艺术性 精巧

许多人把体现生活品质和个人情趣的艺术品和工艺品都放到客厅，造成客厅过于饱满。其实可以把展示功能组合到过道中，比如说油画、照片、纪念品等都装饰于走廊或挂在楼梯的墙上，意趣盎然。

Le
"PIANOLA"
LA PREMIÈRE MARQUE
THE ÆOLIAN

其他

关键词：娱乐休闲 位置较隐秘

现代住宅尤其是别墅中，很多户型都会设置单独的活动室，位置相对比较隐秘，一般成为家人或亲友沟通感情的地方。但活动室的功能并不是固定的一个主题，它可能是多种功能合一：有的是家人健身、练瑜伽的塑身房，也有的是聊天、思考的茶室，更有的是和朋友玩游戏、打牌娱乐的游戏室。

平面元素

关键词：骨格网 视觉元素 排列组合

骨格网决定了基本形在平面构图中彼此的关系。有时，骨格也成为形象的一部分，骨格的不同变化会使整体平面构图发生变化。而形象包括视觉元素的各部分，所有的概念元素如点、线、面在见于平面时，组成一个基本形，利用它排列、组合，产生构成效果。

地面

关键词：隔音 豪华 雅致

家庭影院需起到隔音效果，地面最好铺设木地板、厚地毯或艺术地毯，简约中蕴含内涵。其他娱乐空间可以选择采用大理石铺贴地面，并局部铺设地毯，令空间比例显得更加协调。

2
5
hippo
4

墙体

关键词：吸音隔音 环保 高雅

活动室的两侧墙体根据空间大小装上环保而专业的隔音、吸音材料。墙体以深色布艺软包饰面为主，同时采用大量的原木吸音板制作，吸音性能佳，隔音效果好，格调高雅，个性化图案更显特别。

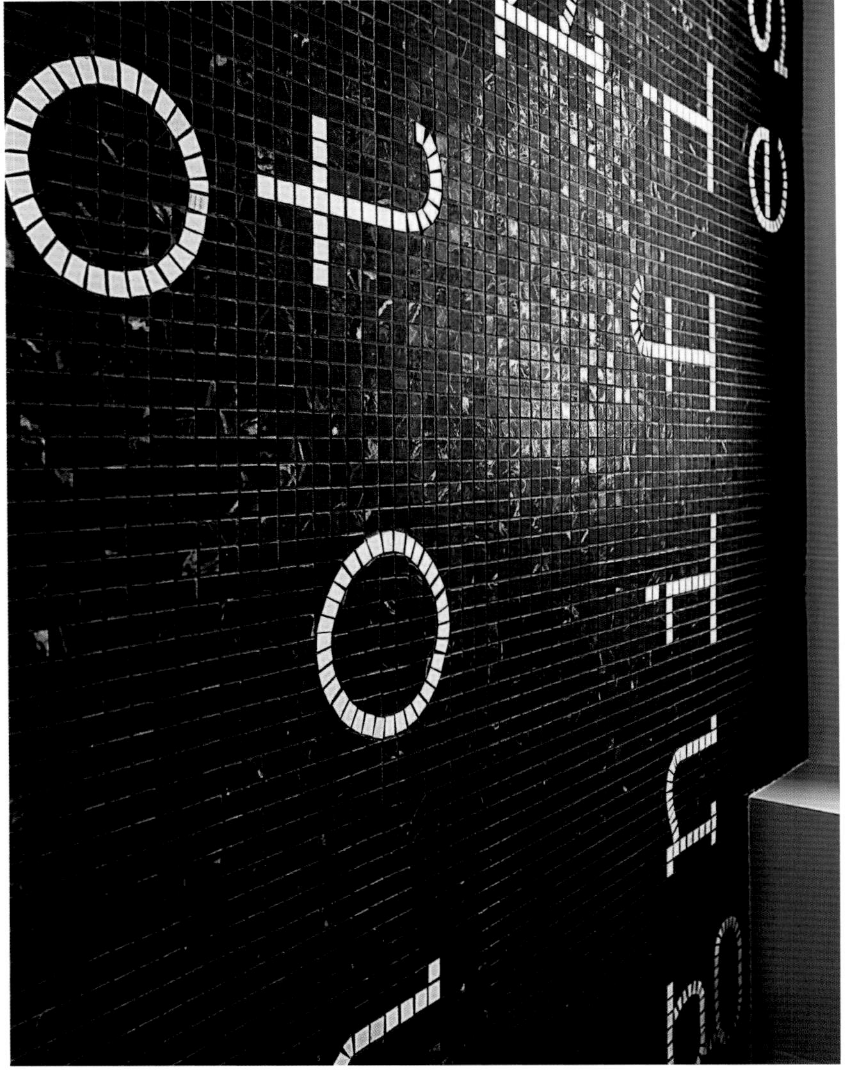

隔断

关键词：大体美观 通透性 隔音

多宝格隔断是根据风格来进行设计多宝格，既能实现与装饰风格的融合，还能起到展示的作用，也对空间进行了分隔，同时还具备一定的通透性。常见的隔断形式还有轻体墙：用轻钢龙骨加石膏板或者是轻体砖砌墙。这种隔断里面填充了隔音棉、聚苯板等材料，其私密性、隔音效果比较好。

天花

关键词：视觉冲击强 简练 个性

娱乐空间的天花运用较多的是黑镜磨砂印花，其具有较强的视觉冲击力，配合黑色真皮沙发显得更加高端。天花通过线条的变化凸显简练并略带个性。由于空间比例得体，天花无过多装饰，反而突显工艺细节。

材料

关键词：悠闲 舒畅 高雅

家庭中的休闲空间，倡导一种感觉“回归自然”的。在室内环境中力求表现悠闲、舒畅、自然的生活情趣，所以常运用天然木、石、藤、竹等质朴纹理的材质，来创造自然、简朴、高雅的氛围。

木质

关键词：自然 休闲 环保

家庭里的娱乐空间以自然休闲为主，多利用原木、胡桃木来装修。而木质中的人造板材已成为家庭装修中的一种时尚和趋势，从质量和美观程度上已超过实木。从色泽、纹理和质感等方面，人造板制作精良，还可以做出石材、单色等外观，大大丰富了家庭装修的风格。再者，从环保上讲，使用人造板材可以节省资源。

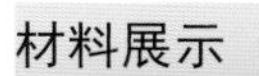

材料展示

胡桃直纹：胡桃属木材中较优质的一种，主要运用于家具、橱柜、建筑内装饰、高级细木工产品、门、地板和拼板，是用来与浅色木材搭配的理想材料。

拐枣：拐枣树木材质坚硬，纹理美观，易加工，刨面光滑，油漆性能佳，可用来作乐器、精致的工艺品、家具及建筑装饰等。

金影

色彩

关键词：简洁明快 搭配丰富

在设计家庭中的休闲娱乐区色彩时应该考虑其相邻的区域因素。如果是与客厅合用，主要应以客厅要求设计色彩；如果是单独使用的空间，也应以深色为基调。以蓝色为主的冷色调宜使用在活泼性较强的空间，以红、黄为主的暖色调宜用于自娱性较强的空间。

暖色系

关键词：安静 悠闲 淡雅

家庭里众多的休闲室中，家庭影院与茗茶室常以浅暖色调来渲染气氛。茶室是品茶、冥想的安静地方，色彩应以素雅、浅暖色为主，营造文化气息浓郁的古朴氛围。而家庭影院应以器材色调为基础，家具、装饰物等都应与之搭配。

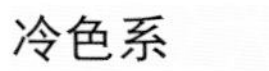

冷色系

关键词：清爽 明朗 自由感

冷色系也常用于休闲空间中的健身、桌游场所，在与整体空间风格装修保持一致的基础上，采用深色地板和蓝、绿色墙面，整体风格明朗而不冷峻。冷色系给人自由感，使人精神上清新爽快，有助于排解压力，舒缓身心。

空间

关键词：休闲放松 娱乐趣味 生活品质

繁忙的工作之后，人们更想在居室生活中得到身体的放松与精神的愉悦。于是对居室休闲、娱乐功能的投入正在逐渐扩大，尤其在装修时，休闲、娱乐功能更被视为人们生活方式的体现，而一些具有文化气质的休闲方式也在室内备受推崇，例如茶室、视听室、健身房等。大的休闲空间设计应布局合理、功能齐全，倡导健康的生活方式；而小空间则注重功能，先考虑居住的空间再赋予娱乐休闲的功能。

酒吧区

关键词：生活情趣 高雅 情调

现代人越来越喜欢在家辟出一方天地，做一个家庭酒吧，既可和朋友在此开怀畅饮，又可体验忘我的二人世界。家庭酒吧一般都是袖珍型的，可根据居住环境及个人爱好，利用边角零星空间形成独具特色的一角。可将其设在客厅或起居室内，也可以设在餐厅或厨房内，别有一番情趣。

茗茶室

关键词：文化气息 雅致 静谧

家庭茶室的风格多种多样，有中式、日式、田园和怀旧风格等，其中日式与中式风格最常被采用。中式茶室常以红木或是仿明清的桌椅装饰，配以素雅的书法条幅或国画山水，在小摆设的搭配上最好选用宜兴的紫砂壶，使气氛显得温婉和谐，古色古香。日式风格则以原木的矮桌和舒适的座垫直接铺设于地面，整体简洁大方、线条流畅、色彩淡雅。

健身房

关键词：运动为主 通风透光 宽敞

健身房作为家庭里的一种功能性房间，以运动性能为主。一般选在通风透光和较宽敞的房间或阳台，在运动健体的同时又贴近自然，舒缓身心，放松心情。其布局安排时应尽量避开立柱，给健身者以空旷的感觉，并配备整块大型玻璃镜，以增强视觉效果。

游艺娱乐

关键词：吸音 隔音 老少咸宜

私宅中的游艺室设计需要保证隔音效果。比如采用玻璃棉隔音板或者轻钢龙骨中间加隔音棉来加强墙壁。而娱乐设施可根据游艺室的大小和格局进行规划，房间大的可规划成家庭影院，小空间可设置为摆放自动麻将桌的棋牌室等。

其他

关键词：颜色统一 造型相似 过渡区

家庭的其他公共空间一般包括有阳台、玄关、储藏室、衣帽间等。由于家庭成员的多样性，所以一般把公共空间设计得较为共性：统一装修颜色、设计相似造型。这些小型的公共空间既有实用功能，又起着过渡作用。

软装

关键词：体现格调 充盈空间 随意 个性

软装可分为大型与小型。大型软装如壁纸、布艺、地毯等，需与房子的整体风格搭调；而小型软装如装饰画、花艺、陶艺、摆饰等，可以随心而设，体现个性。大型软装确定了整个空间的格调，小型软装可以让空间更充实饱满，两者相辅相成，达成的装饰效果既体现风格统一，又有装饰个性。

家具陈设

关键词：简约 自然 不规则

休闲空间应凸显一种“随意”，而不是像客厅一样的“正规”，不需要太多的家具或是摆件，营造一种怡然自得的气氛就是休闲室最大的亮点。面积小的空间可采用开放式设计，简单布置或摆放一张小茶几、椅子或几个抱枕，依墙、依窗规划或席地而坐，即可成为一席休闲之地。若空间大一点，还可架出一个可供休息的平台，成为休息时喝茶聊天的观景角。

Block C1

饰品摆件

关键词：自然元素 精巧

休闲空间中需要释放出一种聚焦与舒缓的调合之美，常借用一些自然元素的饰品摆件，如绿色植栽、小型水景等，引入自然色彩。而面积较小且昏暗的空间，适宜选择一盏小巧简约的落地灯，或简约或时尚的落地灯本身就可以作为一件装饰品而点缀角落，同时也为休闲区的读书等休息活动提供方便。

MARTELL

布艺织物

关键词：明朗 温馨 靓丽

休闲区一般空间比较小，如果不靠近窗台，光线会比较暗。所以可在休闲区选择多彩的布艺家居品，一方面多种色彩可以提亮空间，另一方面布艺产品本身就给人温馨之感，配搭多种色彩软装，整个休闲区顿时就靓丽起来。

室内景观

关键词：引入景观 分割作用

室内景观是指将自然界中的植物、山石、小品、水景等元素引入室内而形成的景观，它是由室内绿化发展而来的，不仅可以装饰环境，更能分割空间。室内景观除了单独落地布置外，还可与家具、陈设、灯具等室内物件结合布置，相得益彰，组成有机整体。

植物景观

关键词：陈列方式 绿化作用

住宅里的植物景观最常用的陈列方式，一般分为点式、线式和片式三种。点式即为将盆栽植物置于桌面、茶几、窗台及墙角，构成绿色视点。线式和片式是将一组盆栽植物摆放成一条线或组织成自由式、规则式的片状图形，起到组织室内空间或划分范围的作用。

景观小品

关键词：体量小 艺术性 点缀作用

景观小品是室内景观中的点睛之笔，一般体量较小，对空间起点缀作用。小品既具有实用功能，又具有精神功能。正是这些景观小品的出现，成为让空间环境生动起来的关键因素，提高了整个室内环境的艺术品质。

售楼

关键词：醒目　时尚　高雅

售楼处作为楼盘形象展示的名片，不仅仅是接待、洽谈业务的场所，还是现场广告宣传的主要工具。因此，作为直接影响客户第一视觉效果的售楼处设计，最关键在于吸引眼球，具有强烈的视觉冲击感和可识别性，风格突出，形象醒目，体现楼盘特色。售楼处装修设计以将信息直接传递给客户为原则，同时为客户创造舒适的参观、购买环境，激发客户的良好心理感受，增强购买欲望。

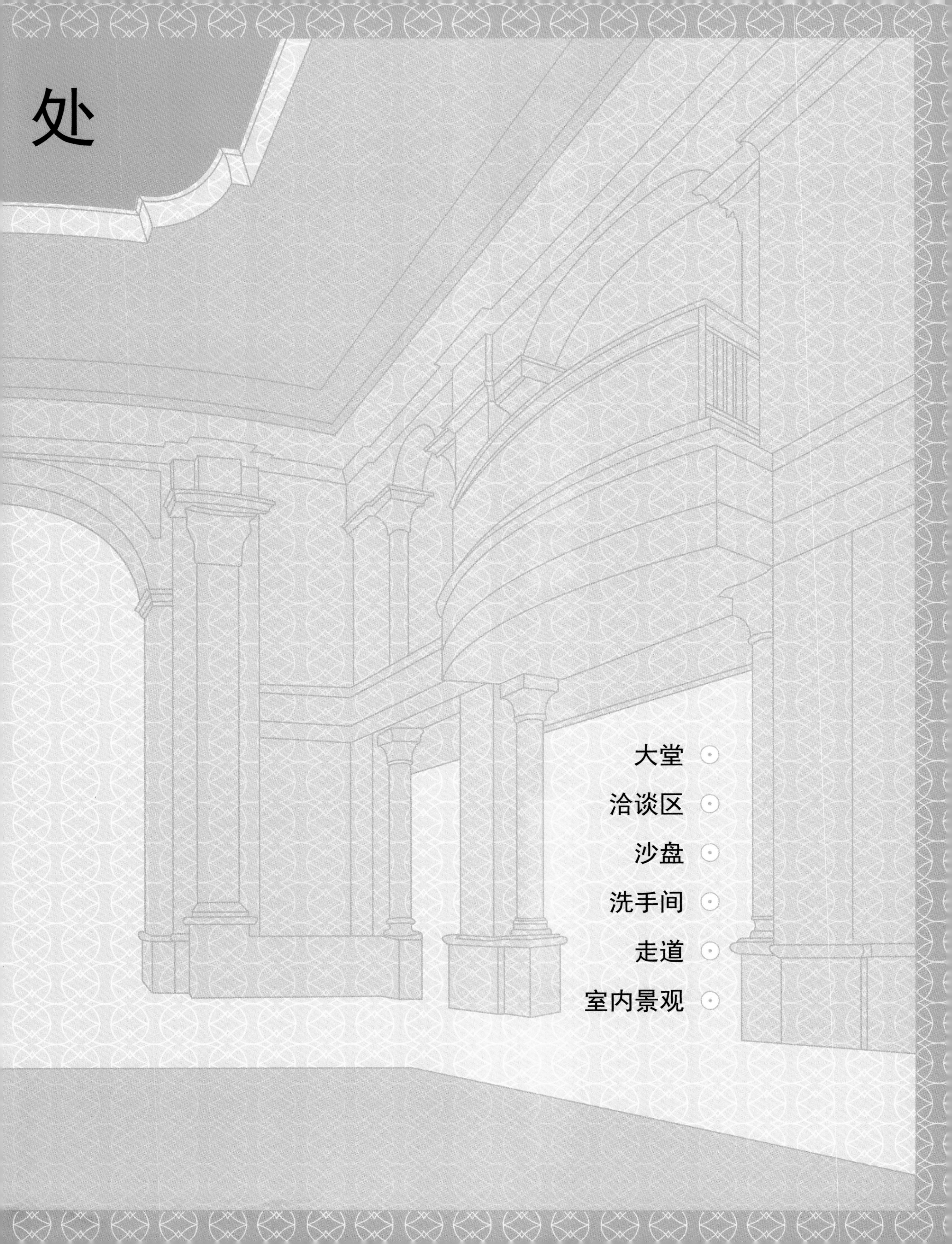
处
大堂
洽谈区
沙盘
洗手间
走道
室内景观

大堂

关键词：通透　明亮　大气

在售楼处大堂设计中，总体效果上要求通透、明亮、新锐，与整体形象相符。造型简洁、大气，同时兼具实用功能。在方便购房者整套看房流程的同时，尽量将购房者的流动性集中于一点，这样既有利于提高楼盘销售人气，又便于购房者之间的交流和相互感染。

平面元素

关键词：组合　多样　互动

售楼处大堂常常运用图形元素与平面、空间造型、高科技的互动组合，并进行调和、发挥、视觉强调，增加了新的表现性，造就空间具有一种不可被替代的新风尚。抽象和具象图形、创意图形、单个图形和复合图形、隐喻和表露，图形内容形式丰富多样，构成妙不可言的空间内涵，创造出令人激动的空间世界，令购房者的感受更为强烈。

地面

关键词：协调　衬托　多变　活泼

大堂地面是空间的底面，图案自由多变，自如活泼。由于它以水平面的形式出现，地面处理可采用不同的材料，如瓷砖、石材、木板、塑料、地毯等。从空间的总体环境效果来看，地面应和天花、墙面装饰相协调配合，取长补短，衬托气氛；同时地面、和陈设等起到相互衬托的作用。

墙体

关键词：和谐　大方　美观

大堂的墙面是组成空间的重要因素之一，它作为空间的侧面，以垂直形式出现，对购房者的视觉影响很大。售楼处墙面材料较多，如木质、涂料、油漆、墙纸、铝塑板、防火板、不锈钢板、玻璃烤漆、玻璃喷砂、彩绘等。在设计上要求和谐、干净、美观、大方，同时，具有视觉冲击和反映企业文化的作用。墙体是体现售楼处整体设计中的点睛之笔，对于吸引路过购房者进入和购房者口碑的二次传播，具有很强大、很现实的带动作用。

万科
一百八十家上下游企业众志成城
可能
Earth

隔断

关键词：分割　实用　连接　个性

大堂可用于做隔断的材料很多，石膏板、木材、玻璃、玻璃砖、铝塑板、铁艺、钢板、石材等都是经常使用的材料。但由于隔断的功能与装饰的需要，通常并不是只用一种材料，而常常是两种或多种材料结合使用，以达到理想效果。隔断在售楼处中既起到分割空间的作用，但同时它又不像墙体那样将空间完全隔开，而是在隔中有连接，断中有连续，这种虚实结合的特点使隔断成为售楼处中具有很大创作余地的项目，成为设计师展现个性与才华的一个焦点。

天花

关键词：宽敞　大气　爽朗

售楼处大堂天花具有保温、隔热、隔声、吸声的作用，处理不好会造成空间过于昏暗、气运不畅。因而天花的设计不仅要美观大气，还要保持宽敞明亮。古人认为“气之轻清者上扬而为天，气之重浊者下沉而为地。”大堂的天花既是“天”的象征，因此在设计时颜色宜清不宜浊，宜轻不宜重。其色彩以淡雅为宜，可采用白色、浅蓝色等，有如蓝天白云，使购房者感到精神爽朗。

材料

关键词：构造　质地　和谐

优秀售楼处的大堂设计，并不在于多种材料的堆砌，而在于体察材料内在的构造美、质地美，精心构思选材，把各种材料综合配置成和谐统一的有机体。不同装饰材料的质感往往会形成不同的尺度感和冷暖感，关键在于给购房者留下可信度高、质量有保障的印象。

木质

关键词：独特　天然　环保

按照售楼处的空间环境基调，大堂一般采用的木质材料包括条形木、拼花硬木、纤维木等。在设计过程中，可按照实际需要、空间布局、风格色调去选择适合的木质材料，以增加大堂空间的生机。由于木质材料具有不可替代的天然性，其独特的质地与构造、纹理和色泽给人一种回归自然、返璞归真的感觉，深受购房者喜爱。

材料展示

丝绸橡木：橡木家具的木质比较硬，稳定性比较强，纹理比较清晰，做出来的家具经久耐用，简单时尚。特别适合做欧式家具。

有影尖柱苏木：木材材性具有光泽。纹理直至略交错；结构细，略均匀；重量和强度中；干缩大，略耐腐。可替代黑胡桃用于刨切单板。

重黄胆木：纹理漂亮、耐腐性能好，抗蚁性强；多用于地板、家具、门、窗等。适用于打造自然田园风格的室内空间。

金属

关键词： 表现力强 精美 高贵

金属装饰材料有铝及铝合金、不锈钢、铜及铜合金等，由于具有较强的光泽及色彩、表现力强，被广泛应用于大堂内外墙面、柱面、门框等部位的装饰，营造了一种精美、高贵的“机械美学”意境。

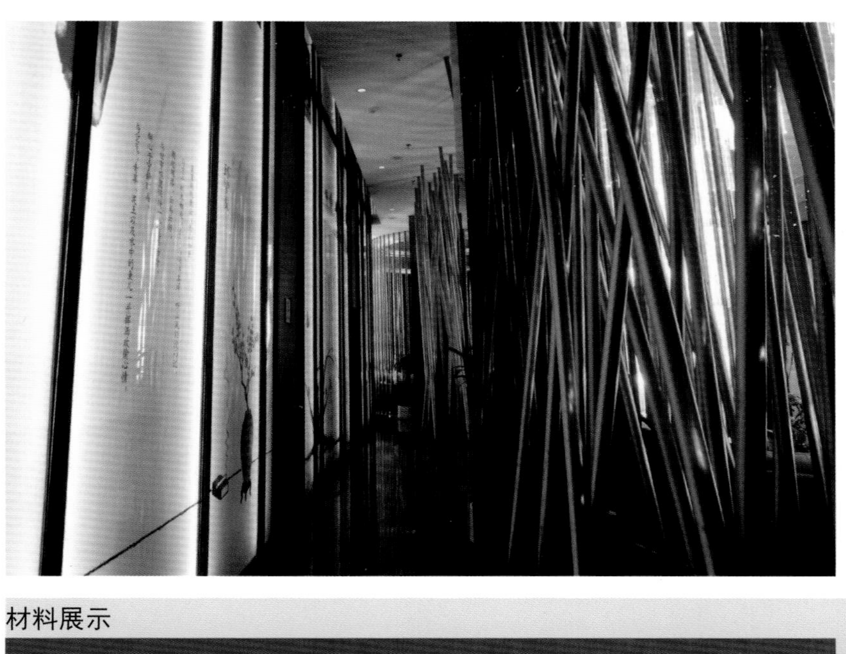

材料展示

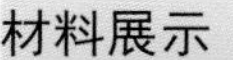

发丝铜+抗指纹

打砂镀红铜色

喷砂

喷砂+抗指纹处理

发丝 金色+抗指

镜面蓝（日本）

石材

关键词：优异性能　丰富色彩　扩充面积

石材之所以用来做高档建筑的装饰材料，很大程度上是利用其优异的物理性能，特别是其丰富的色彩，更是其它材料所无法比拟的。售楼处大堂通常选择浅色的石材作为装饰材料，给人一种温馨、安静的感觉，并且还具有扩充地面面积的效果。

材料展示

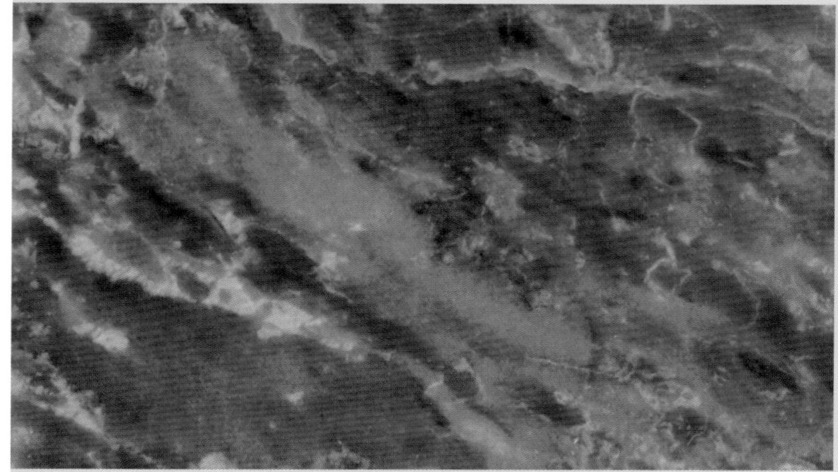

水立方

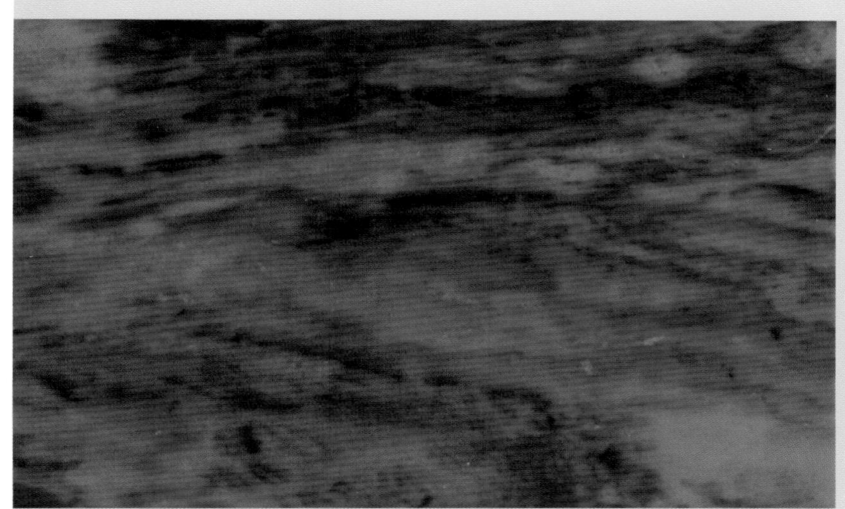

卢卡斯灰

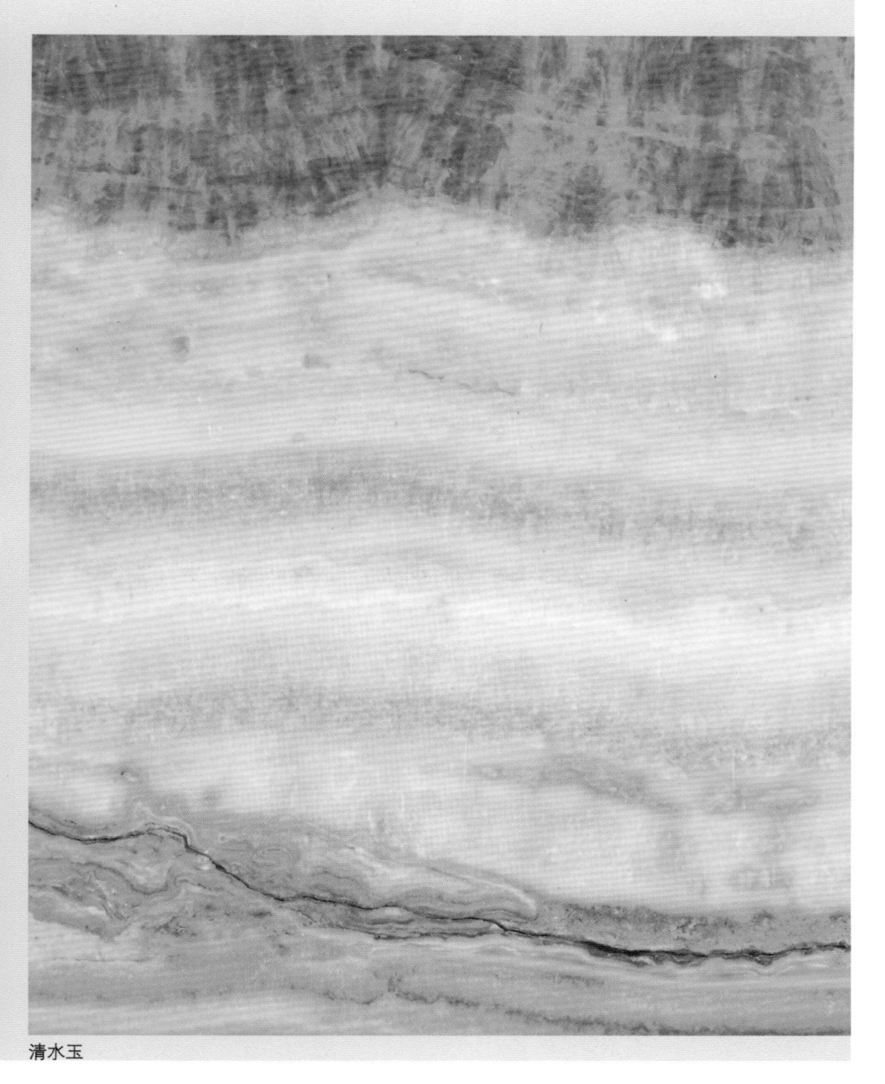

清水玉

瓷砖

关键词：基材　个性魅力　独特享受

由于生活质量的提高，现代人越来越注重装修的品位，瓷砖作为装修的基本材料，它的风格对大堂整体装修风格有很大影响，不同的瓷砖彰显与众不同的个性魅力与独特享受。通过剪切重组、百变腰线、区域渐变等设计手法，瓷砖从不同程度上满足了购房者对大堂的审美需求。

材料展示

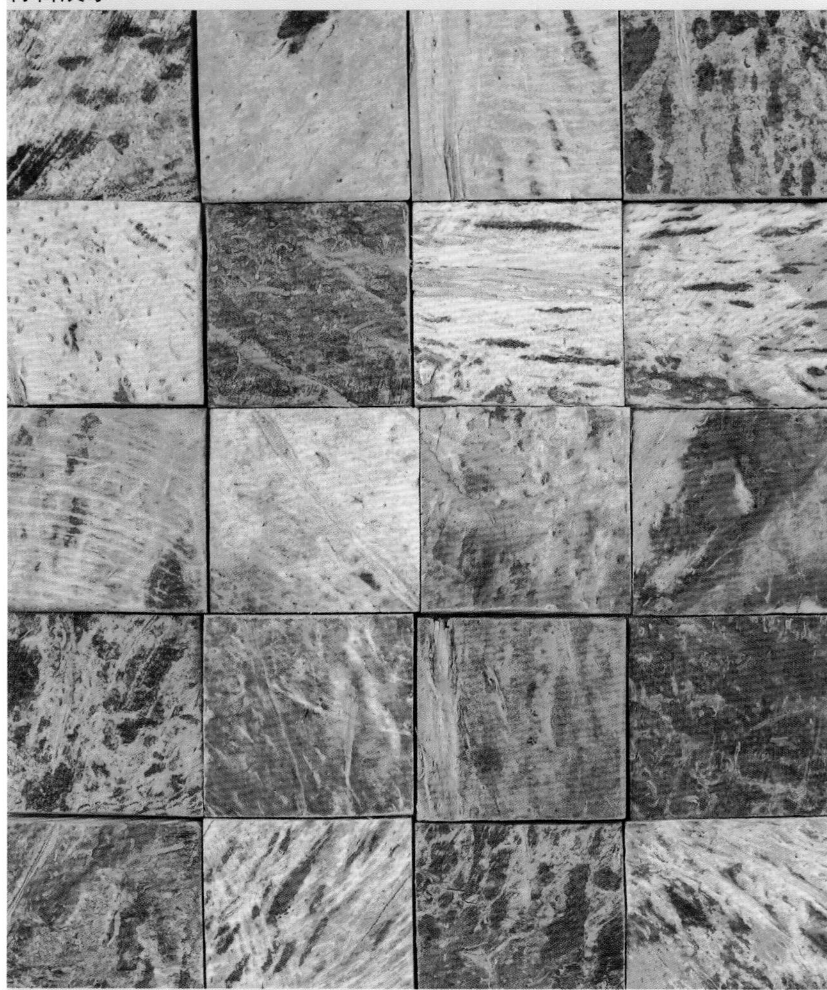

椰壳马赛克（淡土黄色）：以天然、环保椰子壳为主要原料，广泛应用于酒店、宾馆、居家墙面、柱体、飘台、屏风、镜框、厨房卫浴、酒吧、娱乐场所等。

色彩

关键词：明快简洁　动感时尚

售楼处大堂的色彩关键在于保持整体性。用色应尽可能做到明快简洁、动感时尚，对比性强，具有冲击力。温馨的色调会调动购房者洽谈的气氛，而时尚元素则提升购房者的喜爱程度。如墙面、地面、天花等面积比较大的地方，经常用浅色调做底色。特别是天花，如果选用较重的颜色会给人屋顶很低的感觉，显得比较压抑。大堂的的装饰品、挂饰等面积小的物品可用与墙面、地面、天花的色调对比的颜色，显得鲜艳，充满生气。

暖色系

关键词：欢快　明亮　鲜艳

暖色系一直是售楼处大堂色彩的热门选择，基本是以较浅的明亮颜色或者较深的暗色为主，再配上一些鲜艳的色彩，显得比较明亮而有光泽。如陶土色、红李色、深珊瑚色、杏色等，这些欢快的颜色有助于拉近与购房者的距离，让整个大堂空间气氛升温。

冷色系

关键词：　质感　沉稳　现代

冷色系营造高品位的质感氛围，具有扩张空间的作用。如蓝色能调节体内平衡，消除紧张情绪；灰蓝和深蓝搭配能够很好地增强空间层次，让整个环境更显沉稳。冷色系所表现出的现代气息浓厚，在很大程度上满足了年轻人追求时尚品位的需求，对于现在大部分年轻购房者来说，更容易产生共鸣。

空间

关键词：通透　机动灵活　人性化

购房者对售楼处的第一印象来自大堂，楼盘项目的风格、特色也通过大堂展现出来，因此，大堂空间布局、气氛营造的设计最见功力。过度凌乱和拥挤是大堂的大忌，通透、机动灵活、空间利用紧凑、流动方向自由、人性化等是售楼处大堂应具备的基本特征。

入口

关键词：识别性　导入性

售楼处入口空间的主要特征在于其导识性，在设计方面注重空间层次的组织、空间氛围的营造、企业文化的展示。入口形态设计的不同，造成其所具备的视觉感官各具差异。如移动变化的层叠空间将增添售楼处入口的魅力，这种移动角度的获得不仅仅适用室内，同样适用于从室外透过窗看室内的视角。

接待处

关键词：简单明了　引人深入　注重功能

接待处是购房者进入售楼处后第一个视线比较集中的地方，也是进入项目展示和休息洽谈区域的过渡部分。设计应当简单明了、主题明确，强调艺术性和实用性的结合，让购房者对项目有更为具体的认知及感观。接待处通常设置企业LOGO、展示宣传画面等，能潜移默化地给购房者以亲和力，有效地引导购房者顺畅地参观售楼处并吸收项目的卖点，树立楼盘的第一印象，最终导致交易的完成。

DREAM
VALLEY

富宇
六藝

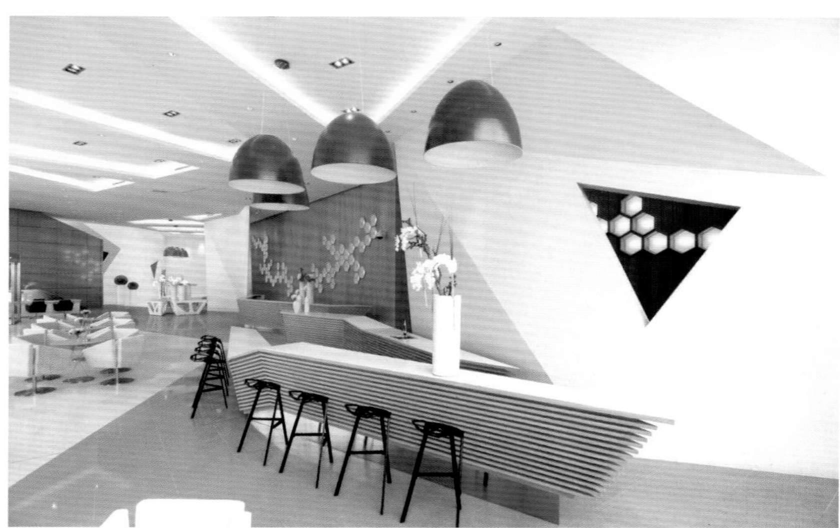

海峡城

软装

关键词：华贵　柔美　雅致

售楼处大堂强调简洁明晰的线条和得体有度的装饰，讲究用精致的细节来营造赏心悦目的空间。雕塑艺术品、艺术花器、壁饰、浮雕壁画、装饰挂画、磨漆画、工艺品、摆件、屏风、工艺家具等的使用，赋予了大堂更多的文化内涵和品位。设计关键在于软装运用精细，华贵又不张扬，塑造一种柔美、雅致的意境。

家具陈设

关键词：实用性　装饰性

家具造型、色彩和式样是影响售楼处大堂气氛的主导因素，实用性与装饰性兼备的家具陈设，既丰富了空间，给人以艺术享受，同时又有一定的功能作用。在大堂装饰设计中，应注意陈设与墙面、地面、天花的关系，充分发挥其形态美、肌理美和色彩美。

饰品摆件

关键词：怡情悦目　生动有致

售楼处大堂通过工艺品、纺织品、收藏品、灯具、花艺、植物等的组合，小中见大，灵活随意，生动有致，在有限的空间内营造了无限的意境，带来浓厚的生活气息，使购房者怡情悦目。

洽谈区

关键词：色彩干净　风格简洁　氛围轻松

洽谈区是销售人员与购房者进行面对面、深入交流的场所，也是决定能否沟通愉快并实现下一步顺利签单的重要环节。洽谈区设计的要义，在于干净单一、宽敞明亮、氛围轻松，能够使购房者的精力和视线集中在与销售人员的沟通交流上，而不被周边其他事物打扰。洽谈区主要是用沙发家具和洽谈桌上的小摆件体现楼盘的品质和理念。

平面元素

关键词：简洁流畅　整齐排列　多重变奏

在洽谈区，空间进行了不同形式的切分和重构，形成统一的多重变奏。横向、竖向的线条整齐地排列，简洁流畅，具有着强烈的形象感。设计强调各个部分之间的内部联系以及重心、倾向、主次之间的平衡，弱化环境的繁杂，过滤声音的喧嚣，营造了宁静、安然的氛围。

地面

关键词：平整　光洁　明亮

洽谈区地面可采用不同的材料，如瓷砖、石材、木板、塑料地板、地毯等。所用材料应该具有足够的硬度，不会产生裂缝、破裂现象，也不会发生变形或明显的重压痕迹。设计需结合空间形态、家具陈设、活动状况及心理感受，妥善处理好地面装饰与功能要求之间的关系，带给购房者平整、光洁、明亮的愉悦感受。

墙体

关键词：现代 时尚 温馨

在洽谈区的墙体设计中，方形、圆形、不规则几何体等的巧妙运用，使整个空间具有浓厚的现代感和时尚感。中空里露出的背景色，减弱了壁板的视觉冲突，使墙体具有了立体感，创造了一种安静、温馨的氛围，在很大程度上启发了购房者的想象力。

隔断

关键词：美化　便捷　灵活

洽谈区隔断除了起到分隔空间的美化效果外，还能增加实用空间。设计要求便捷、灵活，以装饰性的隔断为主，同时兼顾到和墙体、天花风格的协调。用玻璃和木雕等装饰性强的材料做成的隔断，艺术效果突出，整个空间富有纵深感，产生无限的变化与延展性。

天花

关键词： 丰富多彩 新颖美观 透视感强

在洽谈区，天花是氛围营造的重要组成部分之一，也是空间装饰中富有变化、引人注目的界面，其透视感强，通过不同空间的处理，配以各种工艺材料能增强空间感染力，使洽谈区顶面造型丰富多彩、新颖美观，对购房者心理起着重要作用。

材料

关键词：独特性　差异性　时代感

在洽谈区，往往运用材质的独特性和差异性来创造富有特色的空间氛围。如金属坚硬牢固、极具张力，而且美观、新颖、高贵，具有强烈的时代感；纤维纺织品如毛麻、丝绒、锦缎、皮革等则给人以舒适、豪华、经典之感；玻璃使人产生一种洁净、明亮和通透的感觉。通过不同材料的对比组合，运用穿透、环抱、层次等手法，充分展现不同材质的质地美和肌理美，精巧中见粗犷，质朴中显气度，给洽谈区增添了无限活力。

木质

关键词：亲切　柔和　温暖

纹理清晰的木质材料给人以亲切、柔和、温暖之感。在洽谈区设计中，经常通过木质材料纹理的走向、肌理的微差和凹凸变化来实现组合构成关系。如同属木质质感的桃木、梨木、柏木，因生长地域、年轮周期的不同而形成纹理的差异，这些不同肌理的材料组合，在装饰上起到中介和过渡作用，从而使视觉效果更加丰富。

材料展示

沙比利山纹

非洲花梨： 非洲花梨木家具在价廉的同时还能做到物美，因为非洲花梨木木质近似红木，因而在制作处理上也应配以正宗传统红木工艺，烘、磨、漆、晾十几道工序一样也不能缺。在经历多道生漆处理后，非洲花梨木家具也能像红木家具般雍容华贵、气派非凡，就是专家也很难用肉眼分出伯仲。

红檀香： 红檀香木耐腐、耐磨，有木王之称。抗蚁性强，能抗菌、虫危害，属传统红木类。木材加工略困难，但切面很光滑，因纹理交错，刨时宜小心，而着色性较低。全球产量极少，因加工困难、成材率低而更显稀有名贵。适宜制作地板、家具、细木工、雕刻品及胶合板等。

金属

关键词：现代　个性　洁净

当代的室内设计普遍倡导简洁、素雅、实用的风格，受现代主义建筑思潮及现代生活节奏的影响，人们更趋向于现代、极简的生活环境。金属的运用，创造了个性的硬性空间，可使整个洽谈区环境洁净、现代、开敞。

材料展示

乱纹镀古铜色

乱纹镀钛金

打砂镀钛金

纤维

关键词：温馨　舒适　柔和

不同功能的空间环境需要由不同特性的装饰材料来烘托，材料的质地纹理特征影响着环境氛围的营造。在洽谈区，纤维的运用可增强环境的温馨、舒适感，创造柔和的软性空间。

材料展示

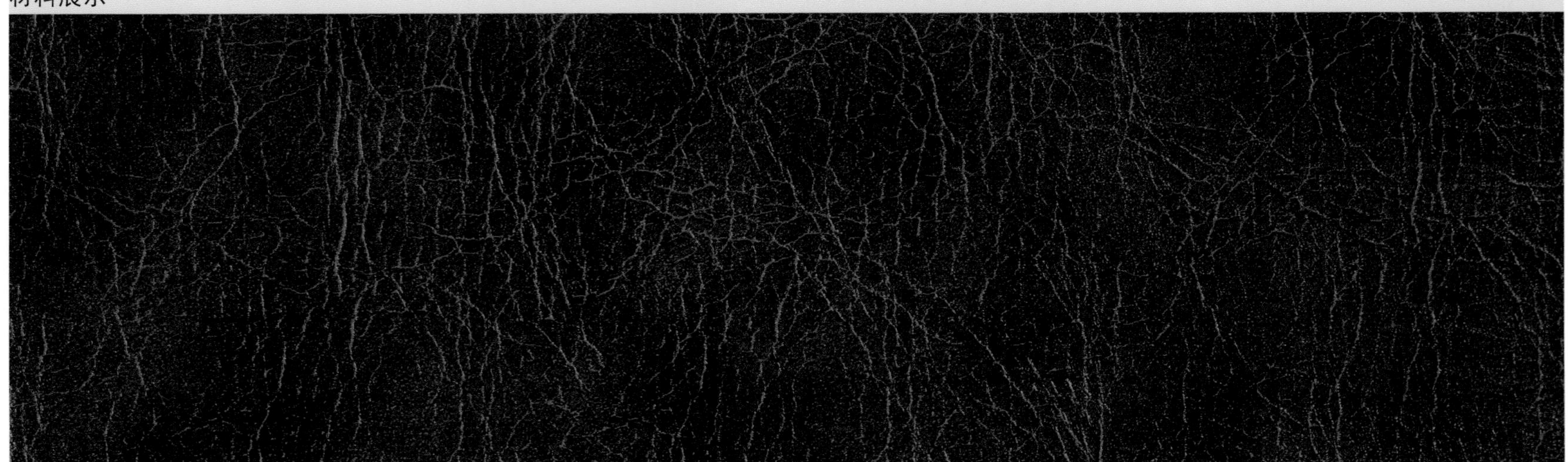
真皮壁纸

色彩

关键词：同类色　近似色　平和过渡

洽谈区色彩设计主要是对楼盘标志色及其延伸色彩的充分运用，造成与其他功能区域相区别的单元性效果，形成一个较为明显的体系。色彩不宜过多，经常选用色相差异较小的同类色、近似色来构成，形成色彩体系的完整性；或是用不同的色相，但需降低彼此的明度和纯度，使视觉有一个平和过渡的舒适效果。

暖色系

关键词：深邃　温馨　惬意

在洽谈区，红色、黄色、咖啡色等的大量使用，构造了一个非同凡响的环境，有利于体现高效紧凑、充满自信的企业形象，使整个空间显得更为深邃和宽敞。暖色系的运用可以诠释出温馨、惬意的氛围，有益于加强销售人员与购房者之间的情感交流，拉近彼此距离。

冷色系

关键词：简单　优雅　素净

当今流行的设计属极简主义，色彩从华丽深沉转变成了优雅素净。玻璃、金属、木质等较能体现简单特性的材质，搭配浅色的地砖，构造出一幅冷色系的画面，具有后退、凹进、远离的效果，对于追求流行的购房者来说，具有很大的吸引力。

空间

关键词：简洁　精致　私密　尊贵

洽谈区强调空间设计的简洁化，在满足使用功能的前提下，运用单纯和抽象的几何学形态要素（如点、线、面）以及单纯的线面、点面的交错排列来创造精致的布局。设计要点在于把繁琐的洽谈变为人性化的“会客”交谈，体现人性化的服务理念。洽谈区具有相对私密性，一般可设计为半开放的空间，在空间上塑造舒适的环境，使购房者产生尊贵感。

Knowledge

照明

关键词：轻松　柔和　温馨

洽谈区照明设计重在营造轻松的沟通气氛。灯光亮度不宜过高，经常采用装饰性强的防眩光照明器具，以悬吊安装的方式，并根据其明暗、颜色实现空间的分隔、协调，营造一种柔和、温馨的环境，为销售人员同购房者进一步沟通创造了有利的条件，同时诱发其购买欲望。

暖色调

关键词：丰富　饱满　立体

暖色调的灯光往往给人一种舒服、放松的感觉。在暖色的包裹下，灯光明暗层次错落有致，空间表现元素丰富饱满，整个意境的质感更具力度。暖色调使空间的人和物产生立体感，形成视觉上“动”与“静”的对比，营造了一个情趣盎然的洽谈空间。

中性色调

关键词：沉稳　时尚　文雅

中性色调的照明呈现出沉稳的效果，时尚而不失文雅，给人和谐、自然之感。经常采用隐藏式照明与局部重点照明结合的手法，创造出空间的反差与对比，通过不同层次色调的渗透，令空间的层次感更强。

软装

关键词：化繁为简　虚实相宜　融洽和谐

化繁为简的美学理念在洽谈区软装设计中成为流行趋势。从色彩、造型、材质各方面着手，反对多余装饰的同时，崇尚合理的构成工艺，尊重材料的性能，讲究材料自身的质感和色彩的搭配效果，整体格局紧凑、虚实相宜、融洽和谐。

家具陈设

关键词：纹样　线条　尺度

洽谈区家具多以圆桌和单组桌椅围合组成。在设计手法上，多运用家具的纹样、构件的曲直变化、线条的刚柔、尺度的大小、造型的壮实或柔细来强化洽谈区空间的层次感，进行空间分隔处理，使空间产生隔而不断、意境幽深的效果。

饰品摆件

关键词： 烘托气氛　丰富空间

饰品摆件根据洽谈区的整体风格及色调来选择尺寸、图案、颜色、造型，多以书法、绘画、摄影作品、壁灯、壁画、壁毯、雕塑、古董瓷物、绿化盆景和其他悬挂物为主。饰品摆件往往依据功能的需要进行设计，选用与家具形状、色彩、质地相协调的饰品，不仅能起到画龙点睛的作用，往往还有烘托气氛、营造特殊空间效果的功能。

布艺织物

关键词：呼应　点缀　衬托

布艺织物的色彩、构造和性能丰富多样，在室内设计中运用非常广泛，往往决定室内软装配饰的主调。在洽谈区，布艺织物的使用，可以使空间产生文雅、温和的感觉，在环境中起到呼应、点缀和衬托的作用。

沙盘

关键词：构思新颖　主题鲜明　手法脱俗

从大的规划到细部的深入，沙盘设计须做到与楼盘的紧密结合，展现出未来的居住效果。一个构思新颖、主题鲜明、风格独特、手法脱俗的沙盘，从形体、尺寸、用材、质感、色彩、光影、空间、视觉等方面展示了楼盘的总体风貌，充分表现项目的规划理念，突出良好的地理位置、便利的交通路网，展现出楼盘得天独厚的优势。

平面元素

关键词：凹凸　变幻　闪烁

通常采用凹凸不平的立式（或侧倾）电子沙盘，通过声、光、电以及计算机程控技术与模型相融合的表现手法，将各重点区位及交通干道通过电路的闪烁、变幻对动态走势进行说明，映衬售楼处的整体风格，并辅以适当灵巧、高品质的装饰外沿。

墙体

关键词：防尘　防淋　防晒　防风

沙盘墙体设计须考虑防尘、防淋、防晒、防风等功能。可依据沙盘区的空间结构就势设计，在美化空间的同时，创造出和谐、温馨、惬意的室内环境和舒适宜人的的情调空间，启迪购房者发现楼盘的与众不同之处。

天花

关键词：自由　多变　层次感

天花不仅是沙盘区空间的延续和深化，同时也是营造氛围的重点区域。设计形式自由多变，多面体造型及与各式灯光相互渗透，相互交融，在虚实之间寻找平衡，兼具层次感和结构美，让购房者在了解楼盘的同时，产生强烈的共鸣。

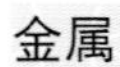

材料

关键词：简洁　精细　大方　自然

沙盘区一般强调空间宽敞、内外通透，在设计中追求不受限制的自由。墙面、地面、顶棚以及家具陈设乃至灯具器皿等均以简洁的造型、纯洁的质地、精细的工艺为其特征。常用的材料有玻璃、木材、金属等，在组合搭配上避免琐碎，显得大方、自然。

金属

关键词：个性　理性　象征

金属是工业时代的精神典范，线条有的柔美雅致，有的遒劲而富于节奏感，给沙盘区装饰艺术引入新意。经过多种组合运用到设计之中，体现一种强烈的理性和象征，迎合了新时代购房者追求独特个性的心理。

材料展示

发丝黑+抗指纹

发丝青铜

奥氏体

空间

关键词：生动　活泼　宏大　开阔

空间设计通常采用多种不同的显示系统，打造出千变万化的效果，带给观者震撼的视觉体验。通过巧妙运用幻灯、全息摄影、镭射、录像、多媒体等现代单像技术、虚拟现实技术，使静态空间得到拓展，形成了宏大、开阔的布局，营造了一种生动活泼、气氛热烈的环境，提高购房者对楼盘的记忆，刺激购买行为。

东方金石

日进万金

软装

关键词：艺术化　现代感

在沙盘区，软装设计着重展现素材的肌理效果。通常采用家具、装饰画、陶瓷、花艺绿植、灯具等装饰，通过色彩、图画、图案和玻璃镜面的反射来扩展空间，打破千人一面的冷漠感，体现和增加室内的艺术氛围，打造出现代感极强的空间环境。

饰品摆件

关键词：突出　高雅　尊贵

饰品摆件是构成沙盘区室内景观的焦点，大多数陈设在视觉中心位置，主题突出，风格多变。一幅书画、一件精美的瓷器、一个艺术饰品，恰到好处的点缀，往往可以提高楼盘的档次和品位，显得与众不同。巧妙的搭配与布置，更能营造出高雅脱俗的尊贵氛围、出其不意的独特效果，为观者增添无限乐趣。

洗手间

关键词：方便　安全　实用　美观

洗手间相对于售楼处的其他区域而言，看似较为次要，但是却影响购房者对楼盘的评价。购房者往往对高档楼盘的洗手间有着更高的期待和严格的要求，除了舒适美观，还能给人全新的生活体验。设计以方便、安全、实用为主，从防水防滑的地面到齐全巧妙的置物搁架，多采用简约的设计以及一体化的造型。

平面元素

关键词：随意　利落　简洁

售楼处洗手间随处可见自然元素，整个空间质朴随意，基调清新素雅。整体设计没有刻意的雕琢感，自然而又富于生活情趣。线条随意但注重利落干练，多元化的过渡空间穿插其中，在极具后现代气息中表现出了设计艺术的恒久魅力，缓解无生命空间给人们带来的沉闷感、呆板感，为购房者提供全身心的感官体验。

墙体

关键词：连续排列　韵律　渲染

墙体能突出洗手间环境的生机和人情味，并能创造出一定的空间内涵和意境。通常以色调、图案显示装饰的主题，在同一个单纯造型进行连续排列，并加以适当的长短变化，粗细、直斜、色彩等方面的突变，在对比组合中产生有节奏的韵律和丰富的艺术效果，起到渲染、增强气氛、深化空间性质的作用。

材料

关键词：天然　朴素　通透

随着人们观念的变化，以及新技术、新材料、新产品的发展，洗手间在材料方面逐渐摆脱了石材和瓷砖的局限，各种玻璃、不锈钢、木材和防水涂料的应用为新的设计提供了基础。各式材料色彩、纹理和质感的巧妙搭配营造出各种可能性，如玻璃的通透为空间增加了灵动的特质，而视线的穿透性也扩大了空间感觉；石子、木材等具有天然质感的朴素材质，将自然的感觉信手拈来般引入到洗手间中。

石材

关键词：耐水　耐压　耐磨

就材质而言，石材仍是接受度最高的材料，目前运用较多的有大理石、花岗岩、鹅卵石、板岩、文化石等。由于其具有花纹多变、肌理感和质感强、耐水、耐压、耐磨等特征，在洗手间的装修中被大量使用，创造了奇妙而丰富的空间体验，使洗手间环境更具整体感。

材料展示

北极光： 灰色系列的首选，大量用于各种酒店、写字楼地面及墙体装修。

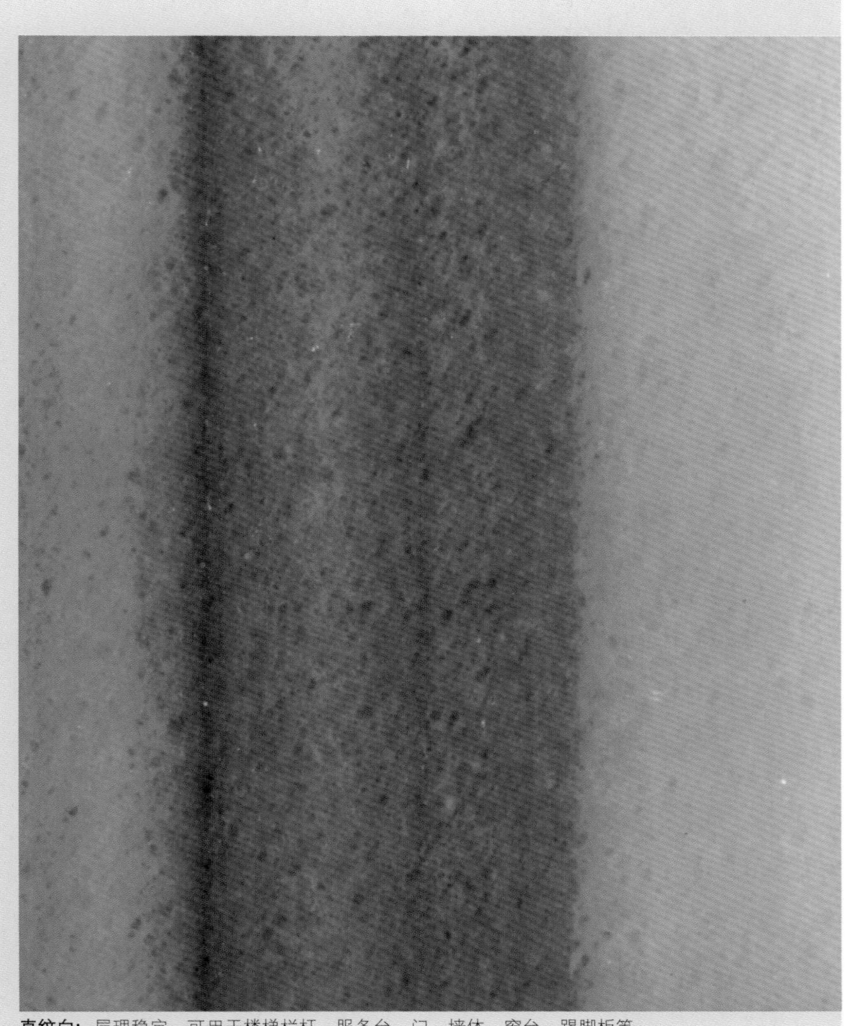

直纹白： 层理稳定，可用于楼梯栏杆、服务台、门、墙体、窗台、踢脚板等。

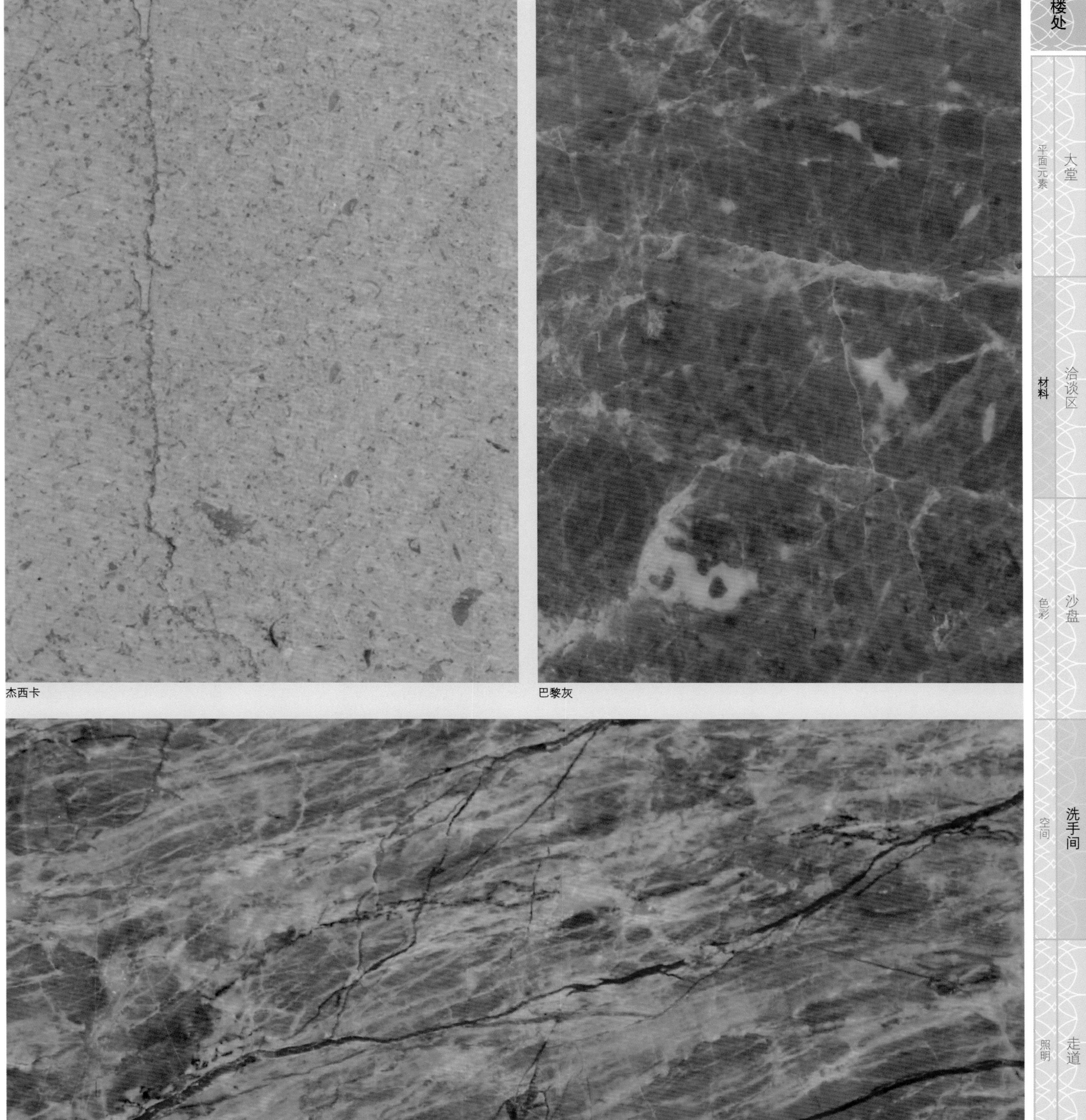

杰西卡

巴黎灰

雨林风情

色彩

关键词：清洁　明快　统一　融合

洗手间的色彩效果由墙面、地面、灯光等融会组成。为避免视觉的疲劳和空间的拥挤感，通常应选择清洁而明快的色彩为主要背景色，对缺乏透明度与纯净感的色彩要敬而远之。在色彩搭配上，强调统一性和融合感。过于鲜艳夺目的色彩不宜大面积使用，以减少色彩对人心理的冲击与压力。色彩的空间分布应该是下部重、上部轻，以增加空间的纵深感和稳定感。

暖色系

关键词：热情　活力　暖意

暖色系营造出热情、强烈的氛围，使人充满活力，一扫空间的寒冷及沉闷感。如乳白、象牙黄或玫瑰红墙体，辅助以颜色相近、图案简单的地板，在柔和、弥漫的灯光映衬下，不仅使空间视野开阔，暖意倍增，而且愈加清雅洁净，怡心爽神。

空间

关键词：围合　精细　巧妙

洗手间多数通过围合的空间界面处理来体现格调，如地面的拼花、墙面的划分、材质的对比、洗手台面的处理以及镜面的设计。设计时需考虑洁具的形状、风格对空间产生的影响，在相互协调的基础上，要求设计精细，尤其是装修与洁具相互衔接部位上，如大门的收口及侧壁的处理、洗手化妆台面与面盆的衔接方式，精细巧妙的布局更能反映洗手间的品格。

软装

关键词：简朴　通俗　清新

洗手间力求创造出独具新意的简化装饰，设计简朴、通俗、清新，更接近人们生活。可搭配一些可爱的小装饰物，并使其成为空间中跳跃的亮点，减缓过于冷静带来的“距离感”，会让购房者畅然释怀，备感随意和宽松。

饰品摆件

关键词：实用　美化　放松

随着生活品质的进一步提升，人们越来越重视洗手间的放松功能，洗手间装修不但要实用，更要体现企业品位，于是各种饰品登上“大雅之堂”。比如在墙上挂上富有创意的装饰画或者布艺、墙贴，贝壳、花朵、昆虫等造型的浅盘是洗手台上不可缺少的，这样不仅起到美化作用，也有“将功补过”的效果。

走道

关键词：疏散　引导

走道是售楼处设计重点之一，主要承担交通功能和楼盘形象展示。设计时，首先要考虑走动停留的购房者数量，其次要考虑艺术性的结合。应依照楼盘的整体风格、目标购房者的习惯和特点来确定设计风格，吸引购房者产生强烈的购买欲望和新奇感受。同时，走道的位置、数量和密度都应满足安全疏散的要求，应避免单向折返和死角，可利用各界面的材质、线型、色彩和不同的色温、光带等对人流进行视觉引导。

平面元素

关键词：一字形　L形　T形

走道依据空间水平方向的组织方式，形式上大致分为一字形、L形和T字形。不同的走道形式在空间中起着不同的作用，也产生了迥然不同的特点。如一字形方向感强、简洁、直接；L形迂回、含蓄、富于变化，往往可以加强空间的私密性；T形是空间之间多向联系的方式，它较为通透。两段走道相交之处往往是设计师大做文章的地方，将形成视觉上的景观变化，有效地打破沉闷、封闭之感。

墙体

关键词：鲜艳　明快　动感

走道空间的主角是墙体，可以做较多的装饰和变化。走道愈宽，人就有足够的视觉距离，对装饰细节也就愈加关注。走道墙体外观立面色彩鲜艳、明快，更能调动购房者的积极情绪。在设计时可以在局部创造出富有造型变化的空间，使整体造型更完美，更富有动感，并在统一中寻求变化。

天花

关键词：界定　划分

走道的天花设计，总体布局与平面相一致，并且密切配合平面的功能区域，充分发挥天花对空间的界定作用，合理划分各区域的空间层次和引导购房者流向。风格简洁，色彩淡雅，局部可以丰富变化，材质的选用尽量以一到两种为主。天花的灯具排布要充分考虑到光影形成的韵律的变化，有效利用光来消除走道的沉闷气氛、创造生动的视觉效果。

材料

关键词：强度　刚度　个性　醒目

走道的主材要求具有一定的强度和刚度，并具有防潮、防滑、防水、保暖、耐磨、耐酸、耐腐蚀、易清洁的性能。一般采用的材料有磨光大理石、花岗石、抛光地砖、耐磨亚光地砖等。选材在于创造既有个性又具有醒目效果的空间，如玻璃与金属、石材的巧妙结合，突出了走道作为视觉中心的效果。整个空间大气美观，通透夺目，使楼盘更具吸引力。

木质

关键词：清新　自然　舒适

木质材料具有色彩清新、简易结实、通透、表面质感自然的特点，用其装饰走道既有豪华感又有美化环境的作用，给人以美的享受、舒适的感觉。

材料展示

红橡直纹：可用于家具、地板、室内细木工制品及花边、门、厨柜、镶板等。

铁樟木：纹理直或略斜，结构细至中，略均匀。适宜制作地板、室内装修等。

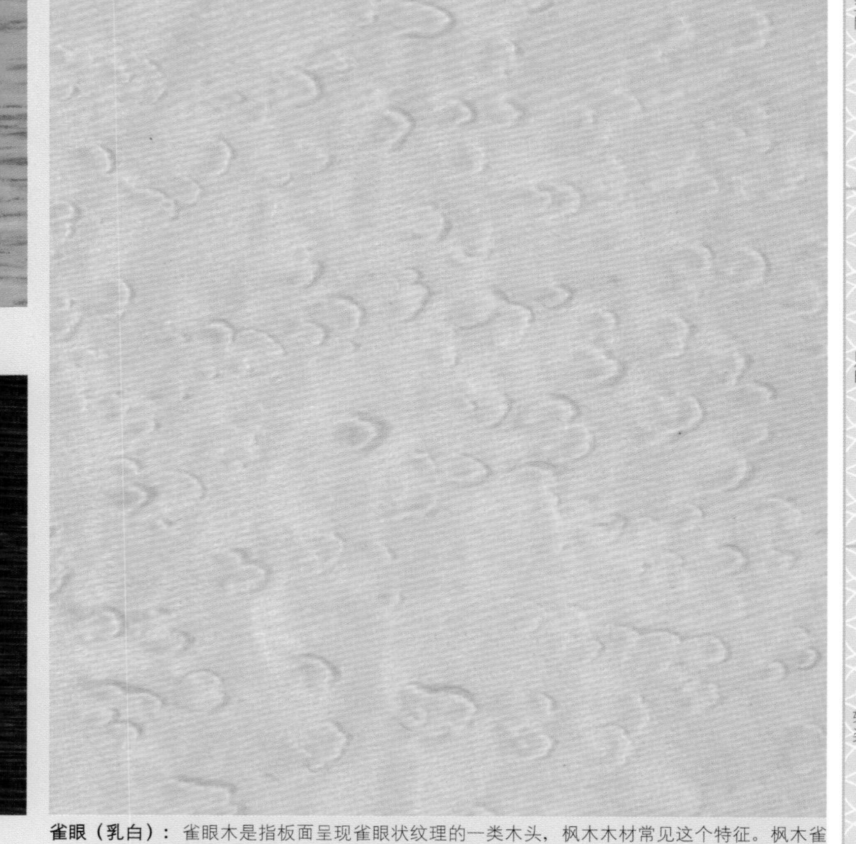

雀眼（乳白）：雀眼木是指板面呈现雀眼状纹理的一类木头，枫木木材常见这个特征。枫木雀眼饰面木皮广泛用于古典家具、现代板式家具、实木复合门的表面贴皮；高档星级酒店、宾馆、饭店、咖啡厅、娱乐会所、排屋别墅等室内装修。

色彩

关键词：鲜亮　明快　亲切

在走道的色彩搭配中，切忌眼花缭乱和反差太大，注重和谐、协调、统一。可采用鲜亮明快的色彩，烘托出一种友好、亲切的气氛，有利于消除和减轻视觉疲劳，振奋精神，使购房者在空间里感到轻松和惊喜。

暖色系

关键词：优雅　柔和　宁静

明亮的暖色与整体色调形成和谐的映衬，暖意浓浓，令空间充满生活色彩的主旋律，恬淡中散发甜蜜的气息，营造了一种清新中不失魅力的优雅氛围。线条设计柔和，能让购房者感受到家一般的温馨舒适，找到宁静的归属感。

空间

关键词：紧凑　灵活　自由

走道将各个不同区域串联起来，使购房者的参观流线连贯、方向明确。因此在空间布局上，以紧凑、灵活、自由为主，适当提升空间层次，形式尽量多样，但不宜太长。

廊道

关键词：连接　中介　桥梁

走廊是连接室内各个空间的通道，犹如房屋的经脉，气在房屋内流动。而楼梯则是气上升下沉的桥梁，是连接上下部分的中介，走廊在设计时应和楼梯相互配合，使室内气流通畅。

35m²
生生不息的生命体
百年 城市梦想

楼梯

关键词：结实　安全　美观　时尚

楼梯在室内起到路径的功能，结实、安全、美观、时尚是其主要特点。目前售楼处常用的楼梯形式有直梯、弧型梯、旋梯，设计简洁而现代，既增添了层次感又丰富了视野。从材料上分，主要有木结构楼梯、钢架楼梯、混凝土浇筑楼梯等。

开始

软装

关键词：刚柔并济　生动自然　精品气势

走道有时会显得狭长而压抑，适当的装饰不但可以从视觉上让走道变短，显得宽敞，还能营造出独特的韵味，空间盈满刚柔并济、生动自然的生命力，打造出精品气势的走道风情。

饰品摆件

关键词：线性动感　精致韵味　静雅气息

走道不宜摆放太多饰品，以免显得繁琐、狭小、拥挤。横竖条纹演绎出线性动感，美丽的彩绘画面显出精致的韵味，磨砂玻璃的朦胧映出细巧的心思，这些装饰品起到补缺作用，更能添走道静雅气息。绿化装饰的选配最好以叶形纤细、枝茎柔软的植物为宜，以缓和视觉感受。

室内景观

关键词：调节气氛　美化空间

室内景观能柔化建筑体的生硬感、调节气氛、美化空间、增加自然气息，给购房者以清新自然的愉悦享受。在售楼处，室内景观应选择合理的位置和布局，做到巧而得体，精而合宜，“步移景异、不拘一格”，在有限的空间里得其天趣。

植物景观

关键词：　自然　生动　奇妙

在售楼处，通常运用乔木、灌木、藤本植物以及草本、花卉等素材，配合灯光照明，通过光影的变化，明与暗、强与弱的对比，充分发挥植物本身的形体、线条、色彩等自然美，创造出与周围环境相适宜、相协调的艺术空间，营造了生动活泼的奇妙意境。

水景

关键词：　灵动　活力　生机

水景从视觉感受可分为静水和流水两种形式。静水给人以平和宁静之感，它通过平静水面反映周围的景物，既扩大了空间又使空间增加了层次；流水有强烈的环境氛围创造力，能增加室内空间的动态感。水景配合声、光、电使用，为售楼处环境增添了灵动的韵律和醉人的情调。

景观小品

关键词：精美　灵巧　多样化

景观小品具有精美、灵巧和多样化的特点，在布置时，力求在造型、体量、色彩和材料上均与售楼处的立意和整体效果相协调，同时突出个性。设计追求形体的简洁与流畅，并突出材料的自然美和质感，给人一种轻松的感觉，营造出一种浪漫的气息。

尚溪地
— ADMIRATION —